"十三五"水体污染控制与治理科技重大专项重点图书

饮用水安全保障技术导则

邵益生 杨 敏 等 著

中国建筑工业出版社

图书在版编目(CIP)数据

饮用水安全保障技术导则 / 邵益生等著. — 北京：
中国建筑工业出版社，2022.7
"十三五"水体污染控制与治理科技重大专项重点图
书
ISBN 978-7-112-27612-7

Ⅰ. ①饮… Ⅱ. ①邵… Ⅲ. ①饮用水—水处理 Ⅳ.
①TU991.2

中国版本图书馆 CIP 数据核字(2022)第 121052 号

责任编辑：于　莉　杜　洁
责任校对：王　烨

"十三五"水体污染控制与治理科技重大专项重点图书
饮用水安全保障技术导则
邵益生　杨　敏　等　著

*

中国建筑工业出版社出版、发行（北京海淀三里河路9号）
各地新华书店、建筑书店经销
北京红光制版公司制版
北京云浩印刷有限责任公司印刷

*

开本：850 毫米×1168 毫米　1/32　印张：5⅛　字数：136 千字
2022 年 8 月第一版　　2022 年 8 月第一次印刷
定价：**32.00** 元
ISBN 978-7-112-27612-7
(39493)

"十三五"水体污染控制与治理科技重大专项重点图书

（饮用水安全保障主题成果）

编 委 会

郭　媛　　薛雅内　　张　冰　　陈仲赟
曹文烽　　王伟博　　徐　强　　陶　涛
舒诗湖　　颜合想　　石宝友　　白晓慧
刘永旺　　肖　磊　　马中雨　　宋　艳
李　琳　　梁　涛　　郭风巧　　李化雨
李　爽　　赵　燊　　朱建国　　张　东
姜　蕾　　王　铮　　韩　超　　张全斌
朱宜平

前　　言

　　针对我国城镇供水水源污染、供水系统脆弱、应急与监管能力不足等突出问题，以保障供水安全、支撑饮用水稳定达标为目标，围绕饮用水安全相关标准和规划实施的迫切要求，国家水体污染控制与治理科技重大专项（以下简称水专项）设置了"饮用水安全保障技术研究与示范"主题（以下简称饮用水主题），经过十五年技术研发和应用示范，构建了"从源头到龙头"全流程饮用水安全保障技术体系，在水源水质提升、水质净化、安全输配、监测预警、应急保障、安全管理等方面取得了关键技术突破，在太湖流域、京津冀地区、黄河中下游、粤港澳大湾区，以及南水北调受水区等进行了示范和推广应用，支撑了北京、上海、深圳、广州等国际大都市的供水安全保障，示范区直接受益人口1亿多人，推动了供水行业的技术进步，整体提升了我国饮用水质量和安全保障能力。

　　为促进我国供水行业高质量发展和饮用水安全保障能力现代化，加快水专项科技成果转化，充分发挥饮用水安全保障技术体系的引领作用，支撑城镇供水设施更新改造行动，饮用水主题专家组按照住房和城乡建设部水专项管理办公室的部署和要求，依托水专项饮用水安全保障技术体系综合集成课题，在《城镇供水设施建设与改造技术指南》（建科〔2012〕156号）的基础上，系统总结、凝练和吸纳了水专项饮用水主题十多年取得的重要技术成果和示范工程实践经验，组织编制了《饮用水安全保障技术导则》（以下简称《导则》）。

　　《导则》针对我国供水现状问题、目标需求和发展趋势，涵盖供水系统从"源头到龙头"全流程的各主要环节，提出了系统、全面、可行的技术对策和措施，适用于指导全国各地城镇供水系统规划设计、建设改造、运行管理和安全监管等工作。《导则》在梳理我国现行饮用水标准、技术规范、指南等基础上，遵循饮用水安全保障技术体系的基本框架，对水专项技术成果进行了系统的深化提升和补充完善，是对我国现行饮用水技术标准体系的进一步发展丰富，对我国今后相当长时期内供水行业技术水平的整体提升具有重要的指引作用。

《导则》编写分为"上篇　全流程多级屏障工程技术"和"下篇　全过程多维协同管理技术"，包括总则、供水系统规划、水源保护与修复、水厂水质净化处理、供水安全输配、水质监测预警、供水应急保障、供水安全监管、供水系统管理和城乡统筹区域供水 10 章。《导则》共设置 378 条正文条文，50 个案例。其中，条文内容侧重引导性，针对共性或典型问题，给出技术对策和措施，为实际技术选择提供方向性指引；案例是水专项关键技术示范应用案例或技术补充说明，提供了技术应用场景、技术内容和实际应用成效，体现了示范性和参考性。使用《导则》时要注意整体理解和系统把握，随着《导则》的推广应用，将及时进行系统总结和修订。

《导则》主编单位：中国城市规划设计研究院

《导则》参编单位：中国科学院生态环境研究中心、清华大学、同济大学、浙江大学、山东省城市供排水水质监测中心、深圳市水务（集团）有限公司、重庆大学、北京市市政工程设计研究总院有限公司、城市水资源开发利用（南方）国家工程研究中心

《导则》审查单位：住房和城乡建设部科技与产业化发展中心

主要审查人：王浩、侯立安、马军、张悦、田永英、任海静、刘志琪、王如华、刘锁祥、顾玉亮、陈卫、林国峰、高伟、杨力、苏婧、韩伟、李玉仙、张欣辰、牛红展、王蔚蔚

本《导则》由住房和城乡建设部水专项实施管理办公室负责管理，由主编单位负责具体技术内容解释。

目　　次

下篇　全过程多维协同管理技术

1 总 则

1.0.1 为促进我国供水行业高质量发展，推进饮用水安全保障体系和能力现代化，确保用户龙头水水质稳定达到现行国家标准《生活饮用水卫生标准》GB 5749 要求，制定本导则。

1.0.2 本导则适用于指导全国城镇供水系统规划设计、运行管理和安全监管等工作，涵盖供水系统"从源头到龙头"全过程的各主要环节，也可作为农村饮用水安全保障的参考。

1.0.3 饮用水安全保障技术体系由全流程多级屏障工程技术和全过程多维协同管理技术构成，两类技术相互支撑，通过全过程风险管理和多级屏障协同优化，保障饮用水安全。

1.0.4 全流程多级屏障工程技术包括供水系统规划、水源保护与修复、水厂水质净化处理、管网安全输配等方面的技术，服务于供水系统的规划、设计、建设与运行。

1.0.5 全过程多维协同管理技术包括水质监测预警、供水应急保障、供水安全监管和供水系统管理等方面的技术，服务于饮用水安全的日常管理、监督管理和应急管理。

1.0.6 饮用水安全保障技术对策和方案应综合考虑当地的水源特性、供水设施现状、运行管理水平等因素，经技术经济比较后确定。必要时，应进行现场试验。

1.0.7 供水设施建设与改造应以整体提高生活饮用水安全为目标，城镇公共供水不宜采用将饮水与其他生活用水全部分开的分质供水方式。

1.0.8 应注重终端用户供水品质，保障供水安全、提升供水服务、降低能耗物耗，并考虑应对水源突发性污染和其他突发事故的供水需求，建立供水应急管控与救援体系，提高应急供水能力。

1.0.9 应配置相应的检测和监测仪器设备，建设水质监测预警系统，开展全过程水质检测、监测、风险评估与预警，实现供水全过程风险管控。

1.0.10 鼓励使用节能降耗、绿色环保的新技术、新工艺、新材料和新设备，积极吸收移动互联、大数据等新成果，促进供水系统智能化发展。

上篇 全流程多级屏障工程技术

2 供水系统规划

2.1 一 般 规 定

2.1.1 供水系统规划应充分体现城市供水发展的前瞻性和战略性，按照城市高质量发展要求，结合城市空间规划和流域水资源规划，确定城市供水规划目标与发展策略，落实城市供水系统空间布局，支撑城市可持续健康发展。

2.1.2 供水系统规划应遵循节水优先、绿色低碳、安全韧性、智能高效的原则，以饮用水安全保障为核心目标，综合水量、水质及水压等要素，统筹常规供水和应急供水需求，系统优化水源配置及设施布局，并协调与其他市政设施规划的关系。

2.1.3 供水系统规划主要包括现状与问题分析、需求预测、水源选择、供水设施布局及规划保障措施等内容，与此相应的技术要点为系统风险评估、水源供需平衡、水源优化配置、供水系统模式和设施空间布局等。

2.1.4 供水系统规划是城市供水设施的系统性专项规划，为供水水源工程建设、供水设施建设与改造等工程的规划设计提供指引。

2.2 系统风险评估

2.2.1 系统风险评估是城市供水规划的重要内容，是确定规划调控重点的基础工作，常用的方法有：

　　层次分析法：是对任意不同要素的潜在重要性进行比较分析并给予量化的方法，通常步骤包括建立递阶层次结构模型、构造出各层次中的所有构造矩阵、层次单排序及一致性检验、层次总排序及一致性检验，最终得出各因素相对于总目标的重要排序。

风险树法：也叫事故树分析法，是一种从结果到原因逻辑分析事故发生的有向过程，该方法遵循逻辑学的演绎分析，将多种风险画成树状，进行多种可能性分析。若能在此基础上对每种可能性给出概率，则为概率树法，它可以更为准确地判断每种风险发生的概率大小，进而计算出风险的总概率。

马尔科夫潜在影响模型（MLE）：将供水系统分解成若干子系统，对于每一个风险从攻击可能性和系统有效性两个方面进行定量计算。攻击可能性是指某一风险发生的可能性大小，风险水平利用下式计算：

$$R = A(1 - E)$$

式中　R——风险水平；

　　　A——攻击可能性；

　　　E——系统有效性。

城市供水系统有效性即功能缺失程度，是指系统抵御风险的能力强弱。自然风险的功能缺失利用查阅资料的方法确定，人为风险的功能缺失利用供水系统模拟计算的方法确定，量化分析方法如下式：

$$V = R \times F$$

式中　V——分析对象危险程度；

　　　R——风险水平；

　　　F——城市供水系统功能缺失程度。

2.2.2 风险识别是风险评估的基础，应对供水系统的风险要素进行分析和等级评价，并通过规划因子调控矩阵模型，识别不同规划层面的风险类型、高危要素和调控重点，见表1。

2.2.3 针对规划层面的系统高危要素，应从抵抗风险发生的能力、应对风险的适应能力及降低风险破坏的能力等方面，构建城市供水系统应急能力评估指标体系，科学评估城市供水系统的风险应对能力，见表2。

2.2.4 以风险可控制及系统可适应为目标，确定城市供水系统应急能力状态水平分级标准，一般按得分高低分为高、较高、一般、差四级，并以此作为规划调控的基础和依据，见表3。

2.3 水源供需平衡

2.3.1 采用情景分析法、趋势外推法和分类用水量指标法等，分析城市在不同的产业结构、节水水平、再生水回用率等情景下，规划期可利用水资源可能承载的人口规模和用地规模。

情景分析法：是假定某种现象或某种趋势将持续到未来的前提下，对需水量可能出现的情况做出预测的方法。该方法通常结合城市规划期可能出现的不同产业结构、节水水平、再生水回用率等情景，测算城市用水需求。

趋势外推法：是根据预测变量的历史时间序列揭示出的变动趋势外推将来，以确定预测值的一种预测方法，主要包括参数选择、数据收集、曲线拟合、趋势外推、预测说明和结果应用等步骤。城市需水量预测多采用线性外推法，通过总结过去若干年的用水增长率，推算未来一段时间的用水增长率和总用水量。

分类用水量指标法：是最常用的用水需求计算方法，通过确定规划期人均综合用水量、人均综合生活用水量、人均生活用水量、单位工业用水量等指标，进行用水量的确定。

2.3.2 分析城市供用水历史变化特征和节水潜力，确定各类用户的用水指标，通过人均综合指标法、单位用地指标法、用水增长率法以及分类用水预测法等预测城市近远期需水量。

2.3.3 在水资源可持续利用的前提下，统筹考虑本地水、过境水与现有外调水、常规水源与非常规水源、地表水与地下水等不同的水源情况，核定符合功能和水质要求的可供水量。

2.3.4 进行水源供需平衡分析时，应考虑水源组成的均衡性和水源结构的合理性。当水源不足时，应优先考虑节水。跨流域调水需要进行充分的科学论证。水源类型单一或水源有风险的城市，应考虑应急备用水源建设。

2.4 水源优化配置

2.4.1 在多水源供水格局下，水源优化配置应遵循优水优用、就近利用的原则，结合各类水源的水量水质状况和需水量的空间分布特征，提出不同规划期的水源配置方案。

2.4.2 统筹考虑各类用水的水量保证率和水质要求，水源配置方案应考虑优先顺序：水量保证率高的优质水源应优先用于生活饮用水；再生水应优先用于景观环境、市政杂用及工业低质用水；雨水宜优先用作景观环境用水。

2.4.3 根据城市空间规划，优化提出不同组团、不同片区各类用水的水源配置方案。（案例1）

2.4.4 有条件的城市可采用遗传算法或线性规划模型，也可构建多目标函数，进行水源优化配置分析。

2.5 供水系统模式

2.5.1 应结合城市地形特点、水源条件、用地布局及现有供水设施等情况综合分析，因地制宜地采用不同的供水系统模式。

2.5.2 地形比较平坦、用户对水质要求相差不大或无特殊要求、供水范围不大的城市宜采用统一供水的系统模式，即由同一输配水管网将水提供给所有用户的系统。

2.5.3 地形起伏大、供水范围广或组团型的城市，宜采用分区/分压供水的系统模式。各区之间应保留或设置两条以上的主干配水管道相连接，常态下各区之间通过阀门控制，必要时可实现供水互济。

2.5.4 根据水源状况和用户对水质的要求，可采用分质供水系统。当用水量较大的工业企业相对集中，且有合适的水源可利用时，经技术经济比较可采用分质供水模式，独立设置工业用水的供水系统。（案例2）

2.5.5 有多个水源、多个水厂可供利用的城市，可采用多水源联合供水、多水厂联合供水或两者结合的方式，实现"原水互通、清水互配"联合供水，以提高供水的保证率和安全性。

2.5.6 供水管网的布置应遵循安全可靠、节能降耗、经济适用的原则，通常采用环状网的结构形式。在城市边远地区可先建设树状网，远期随着城市的发展逐步建成环状网。

2.6 设施空间布局

2.6.1 根据城市现状供水设施的位置、规模和城市空间规划、用地布局规划，基于满足需求、空间均衡的原则，提出水源、水厂、泵站和主干供水管网的规划方案。

2.6.2 对于规模较大或供水系统复杂的城市，应通过管网模型进行供水系统模拟分析和辅助决策，从技术、经济、安全、可持续等方面，建立评估指标体系和评估方法（表4），对不同的供水系统规划方案进行多目标比选，确定优化方案。

2.7 应 急 供 水

2.7.1 根据城市性质、城市规模及社会经济条件，以及城市供水系统出现风险的概率和影响范围，确定城市应急供水目标。

2.7.2 统筹考虑原水切换、清水调度、应急处理等各环节的应急措施，综合考虑可行性、技术经济性等因素，优化提出不同供水风险情景下的应急供水方案。

2.7.3 统筹考虑常规供水与应急供水的需求，确定应急备用水源以及泵站、管网、阀门等设施的建设方案，保证应急供水方案能随时启动实施。

2.7.4 基于韧性供水的目标，建立并不断完善供水风险的预警监控系统以及应急供水预案。

2.8 城乡统筹区域供水

2.8.1 城乡统筹区域供水一般适用于具有如下特征的地区：

    1 具有区域性供水水源，且水资源时空分布不均的地区；

    2 水资源需求增长迅速，供水矛盾日益突出的城镇群地区；

3 周边水源水质污染，又没有实力独立实施远距离调水工程的地区，特别是乡村地区；

4 地形地势相对较为平坦、输水距离较为经济的地区。

2.8.2 按照城乡统筹区域供水的不同特征，可分为区域水源型、区域水厂型、管网联络型及混合型四种供水方式，混合型含有以上三种中两种以上的供水方式。

2.8.3 城乡统筹区域供水要充分考虑城市、县城、乡镇、村庄的用水特征和用水指标差异，合理确定供水设施位置和规模。

3 水源保护与修复

3.1 一般规定

3.1.1 水源选取应符合集中式生活饮用水水源要求。对于长期存在水质问题的水源应采取水源更换、水源水质修复和预处理等措施。为应对突发性水源污染，宜设置应急水源。

3.1.2 根据水量保证率和水质要求，优先配置本地水源。水资源量不能满足需水要求时，可在"影响最小、水质可控、经济合理"的原则下，通过系统规划和方案论证后合理调水。长距离引水时，应确保原水输水过程中水质安全。

3.1.3 以防止水源水质恶化、提升水源水质等为目标，可采取人工湿地净化、充氧曝气、水力调控等综合工程技术措施和管理措施。

3.1.4 水源调控和修复技术的实施应同步建设水质水量监测设备和设施，并满足相关操作平台和系统等硬软件要求。

3.2 水源保护与调度

3.2.1 水源保护是饮用水安全保障的第一道防线。饮用水水源地应按照相关规定要求划定保护区，并施行分级控制，一级保护区和二级保护区应在水动力学模型分析基础之上划定。

3.2.2 对于长距离输水工程，应加强输水管渠沿线保护，防止水质被污染。采用明渠输水的，应保持一定流速，防止藻类过量生长。采用管道输水的，可采取间歇性预氧化等措施控制管道附着生物生长。在进入水厂之前，应设置原水调蓄设施或采取多水源切换措施，以保证在输水管渠停水期间水厂的正常供水。

3.2.3 对于多水源城市，应对水源切换运行条件下水厂工艺适应性及配水管网的水质化学、生物稳定性进行评估。评估水源切换后水源水质对水厂工艺处理效能及供水管网水质的潜在影响，提出针对性的设施升级改造或优化运行方案。

3.2.4 水源调度包括水质和水量管控。水质管控应合理设置水质采样点、检测项目和检测频率，建立关键指示性指标在线监测、预警和联控系统等。水量管控应合理设置流量、水位监测点，监测关键水泵、阀门的运行工况等。监测数据实时上传至调度管理平台。

3.2.5 对于水质水量变化较大或多水源系统，应加强水源调度系统的建设。利用物联网、模型技术等构建水源调度决策管理系统（包括水源水质监测数据库、原水输送水力水质模型、调度管理等多个子系统），实现水源水质水量的科学调度。（案例3）

3.2.6 为提高城市供水可靠性，可根据需要设置或建设应急水源或备用水源。其规划建设可参考现行行业标准《城市供水应急和备用水源工程技术标准》CJJ/T 282。

3.3 水源生态修复

3.3.1 对于受有机物或氨氮等污染的水源，遵循因地制宜的原则实施水源生态修复工程，综合改善水源地水质。生态修复工艺选择应针对当地的水源水质特性，充分利用地形和水文等自然条件。应谨慎使用外来物种，防止形成生物入侵而破坏生态平衡。

3.3.2 生态修复可采用前塘（沉砂）-湿地-后塘的多级净化系统，前塘发挥导流、沉降、滞留、贮存、预处理等功能；湿地发挥过滤、拦截、吸附、分解、净化、藻类捕获等功能；后塘发挥水质和生态稳定化、贮水和输水等功能；水力停留时间需保证上述功能的发挥。湿地宜设计为表流和潜流相结合的复合流模式，增强湿地对各类污染物的复合去除效应。

3.3.3 在湿地设计和运行阶段，分别合理优化湿地水工微结构，采用梯级水力调控手段，实现湿地流态多样化、水陆交错带边界强化、边缘效应强化等功能。在冬季低温期，湿地系统对氨氮、有机物等处理效能降低且水厂出水氨氮等指标不能稳定达标时，可采用人工曝气、湿地结构单元交界面边界强化、低水位运行等措施。

3.3.4 加强水源湿地运行维护与管理，主要包括湿地定期监测、湿地水生植物定期收割、局部不定期底泥疏浚、漂浮垃圾打捞清理、湿地杂草识别刈割等内容，防止人工湿地堵塞、湿地植物腐烂、沉积物再悬浮等造成处理效能下降和水质次生风险。（案例4）

3.4 水源水质调控

3.4.1 对于流动性差的调蓄型水库水源，可通过闸泵调节进出水流量，改善水库内的水流动力条件，控制水库内藻类过量生长和嗅味物质产生；对于深层水库，可采用水力曝气的方式扰动水体分层，提升底层溶解氧，避免因厌氧导致的底泥污染物释放，影响取水水质。（案例5）

3.4.2 针对受咸潮影响的河流水源，需建立咸潮入侵监测预报系统，有条件时可采用调蓄型水库进行避咸，也可通过上游水库放水等流域水利调度，抑制咸潮入侵。（案例6）

3.4.3 高浊度水源宜采用调蓄水库进行水质调控，并在调蓄水库前设置取水斗槽、沉砂条渠、沉砂池等设施，起到沉砂、沉淀和氮磷污染物去除的作用。取水时应根据水位、流量、含砂量等因子避开高含砂量水。加强对调蓄水库前沉砂条渠的运行管理，定期、合理进行疏浚，沉砂的处置需考虑资源化利用。

4 水厂水质净化处理

4.1 一般规定

4.1.1 水厂净水工艺的选择应根据原水水质、处理规模、处理后水质要求等，经过试验验证或参照相似条件下已有水厂的运行经验，结合当地操作管理条件，通过技术经济比较后确定。一般采用常规处理工艺，必要时，可增加预处理和深度处理工艺。

4.1.2 水厂水质净化处理的目标是保证终端用户水质满足现行国家标准《生活饮用水卫生标准》GB 5749 要求，出厂水水质的控制应为管网输配中可能发生的水质变化留有余量。

4.1.3 水厂水质净化处理应积极采用低药耗和低能耗的技术，鼓励采用新工艺、新材料和新设备。

4.1.4 水厂净水工艺应综合考虑水资源节约、水生态环境保护和水资源的可持续利用，对水厂排泥水等净水工艺过程产生的废水、废物进行回收、处理和处置。

4.2 工艺流程

4.2.1 地表水源水质满足《地表水环境质量标准》GB 3838—2002 中Ⅰ、Ⅱ类水质要求，以降低浊度和消毒为主要净化目的时，应优先采用常规处理工艺。

4.2.2 水源水质不能稳定达到《地表水环境质量标准》GB 3838—2002 中Ⅱ类水质要求，存在色度、季节性藻类、嗅味或氨氮等问题时，应根据需要增加预处理或深度处理工艺。

    1 对于高浊度原水，应采用预沉淀处理，或采用二级沉淀工艺。

    2 当原水存在色度问题时，可采用化学预氧化或粉末活性炭吸附，条件允许时也可采用颗粒活性炭吸附或臭氧生物活性工艺。

3 当原水存在季节性嗅味问题时，可采用粉末活性炭吸附预处理；长期存在嗅味问题时，宜优先采用臭氧生物活性炭工艺，条件受限时也可采用颗粒活性炭吸附。

4 当原水存在藻类问题时，宜优先采用化学预氧化、强化混凝或气浮工艺。

5 对于高有机物（高锰酸盐指数大于 4mg/L）污染或高氨氮（氨氮大于 $1.0\sim1.5$ mg/L）的原水，应采用臭氧生物活性炭深度处理工艺，必要时可增加化学预氧化或去除氨氮的处理单元。

6 地表水源净水厂因水源问题导致出厂水铁、锰超标的，应优先采用化学预氧化工艺强化处理。

4.2.3 地下水源水处理工艺按以下原则选用：

1 满足现行国家标准《地下水质量标准》GB/T 14848 中Ⅰ、Ⅱ类以及《生活饮用水卫生标准》GB 5749（微生物学指标除外）水质要求时，宜采用消毒等简单处理。

2 地下水中铁、锰含量高时，可采用曝气-接触氧化过滤、曝气-生物接触氧化过滤或化学氧化过滤等工艺去除铁、锰。

3 对于溶解性总固体、硬度、砷、氟、卤代烃等指标高的地下水，如无替代水源时，可采取特殊水处理技术措施。

4.2.4 膜组合工艺：

1 对于原水水质较好、以降低浊度为目的的净水工艺，可采用微絮凝-超滤、混凝-沉淀-超滤或直接超滤等工艺。

2 对于有机微污染原水，可在常规工艺的基础上增加预氧化、粉末活性炭吸附或臭氧生物活性炭与超滤的组合工艺。

3 对于无机盐类、溶解性总固体或特征微量污染物等超标的原水，可采用超滤-纳滤/反渗透双膜工艺或电渗析处理工艺，并通过出水勾兑实现水质达标。

4.3 预 处 理

4.3.1 预处理可采用化学预氧化、生物预处理、粉末活性炭吸附、预沉淀、曝气等及其组合方式。

(1）化学预氧化

4.3.2 化学预氧化可用于改善混凝效果，强化去除水中藻类、色度、铁、锰、嗅味、有机物，以及控制原水中剑水蚤、红虫和贝类等生物。

4.3.3 原水中天然有机物、溴离子、碘离子含量高时，化学预氧化需审慎选择氧化剂的种类与剂量。

4.3.4 化学预氧化剂投加点可设在取水泵站、输水管前端、净水厂进水管，可一点或多点组合投加。条件允许时，宜优先选择在取水泵站投加。当投加多种药剂时，应避免各种药剂之间的相互影响。

4.3.5 化学预氧化剂投加量应适量，在保障预氧化效果的同时，防止产生过量的有害副产物。用于强化除藻时，还应避免过高的预氧化剂投加量导致藻细胞破裂释放胞内物质。

4.3.6 化学预氧化剂可采用氯（液氯、次氯酸盐等）、臭氧、二氧化氯、高锰酸钾等药剂，根据水厂消毒剂种类或是否设有臭氧生物活性炭深度处理决定。

  1 预氯化适用于控制水中藻类和微量有机物，用于控制藻类时，优先选择在输水管前或原水厂投加；有效氯的投加量一般为 0.5～2.0mg/L；采用预氯化时应严格控制三卤甲烷、卤乙酸等副产物生成量，对于溴离子、碘离子含量偏高的原水，还需考虑溴代和碘代消毒副产物的控制问题。

  2 预臭氧化适用于控制嗅味、藻类、色度、铁、锰，改善混凝条件，投加量宜为 0.5～1.0mg/L。当使用臭氧生物活性炭工艺时，优先选用预臭氧。

  3 高锰酸钾预氧化适用于有机物和藻类控制，投加量一般为 0.5～2.5mg/L，应注意避免过量投加造成出水色度和锰超

标。（案例7）

4 二氧化氯预氧化适用于剑水蚤、红虫、铁、锰和藻类等控制，投加量不宜大于1mg/L，应注意避免亚氯酸盐和氯酸盐副产物超标。

（2）生物预处理

4.3.7 当原水受生活污水污染，有机物和氨氮含量较高，且常年水温不低于10℃时，可采用生物预处理，优先采用生物接触氧化池，也可采用颗粒填料生物滤池。

4.3.8 生物接触氧化池的水力停留时间宜为1～2h，当原水中氨氮浓度不超过3mg/L时，水力停留时间可取下限。为防止水生生物的附着，宜对格栅等采用光滑涂料进行喷涂并定时清理。

4.3.9 颗粒填料曝气生物滤池水力停留时间宜为15～45min，填料宜选用轻质多孔球形陶粒或轻质塑料球形颗粒填料。进水浊度不宜高于40NTU；当进水浊度高或气水异向流时，宜选用粒径较大的滤料，并采取防止滤池堵塞的措施。（案例8、案例9）

（3）粉末活性炭吸附

4.3.10 粉末活性炭可用于去除原水短期内含有的可吸附污染物（嗅味物质、有机物等）。

4.3.11 粉末活性炭应与水充分混合，宜投加于取水口，尽可能延长接触时间，应不小于30min。粉末活性炭投加量可根据吸附试验确定，一般可选用5～30mg/L。

4.3.12 投加粉末活性炭时，水厂应采取强化混凝的措施，避免细小的炭颗粒进入滤池而增加滤池的负担。

4.3.13 采用粉末活性炭吸附去除原水嗅味时，应根据嗅味物质的种类和浓度，经试验确定组合工艺和工艺参数。

1 对于2-甲基异莰醇（2-MIB）和土臭素产生的土霉味，当其浓度低于200ng/L时，可投加粉末活性炭进行控制；当其浓度高于200ng/L时，应考虑增加臭氧生物活性炭工艺。

2 针对土霉味、腥臭味和化学味等共存的复杂嗅味，优先采用臭氧生物活性炭深度处理工艺；对于采用常规工艺的水厂，可在预处理中顺序投加氧化剂与粉末活性炭，尽量加大投加间隔；有原水长距离输水条件时，可采用在输水管道中先氧化、水厂内吸附的方式。（案例10）

4.4 强化常规处理

（1）强化混凝沉淀

4.4.1 原水中色度、有机物或消毒副产物前体物浓度等较高时，可采用预氧化、优化混凝剂种类和剂量、投加助凝剂、调整pH、降低处理负荷等强化混凝措施，具体措施可通过试验确定。有条件时，混凝工艺单元应优先采用机械混合和机械絮凝的形式。

4.4.2 对于高藻原水，可加大混凝剂的投加量，或选用絮体沉降性能好的含铁混凝剂或投加助凝剂，也可与预氧化联合使用，以提升去除效果。为了控制因高藻时原水pH升高造成出厂水铝超标的问题，可采取铝盐与铁盐混凝剂联用，也可降低次氯酸钠预氧化剂投加量，或更换为臭氧预氧化，或投加二氧化碳或酸的方式调整。

4.4.3 对于低温低浊原水，应采取优选混凝剂种类、增加混凝剂投加量、投加助凝剂、优化混凝条件等措施强化混凝效果。助凝剂可选用聚丙烯酰胺、活化硅酸、骨胶或海藻酸钠。选用聚丙烯酰胺时，应防止出水单体丙烯酰胺残留量超标，并考虑其对后续处理环节或水的回用带来的影响。

4.4.4 气浮工艺可用于低温低浊原水、高藻原水处理，工艺包括混凝预处理、溶气、释气、接触、分离、刮渣、排泥等组成部分。

4.4.5 与气浮工艺配套使用的絮凝池应采用较短的絮凝时间，可采用10～15min。

4.4.6 对于浊度变化较大且季节性高藻的原水，进行常规处理工艺改造时，可将平流沉淀池后端改造为气浮池，或将砂滤池上部改造为气浮池。（案例11）

4.4.7 对于低浊度原水，可采用机械搅拌澄清池、高速澄清池、水力脉冲澄清池等。当为高藻原水时，应考虑泥渣中污染物的溶解释放风险。

4.4.8 高速澄清池应同时投加混凝剂和高分子助凝剂，以提高泥渣密度。高速澄清池污泥回流量宜为设计水量的 $3\% \sim 5\%$。机械加速澄清池处理高藻低浊原水形成的絮体较为松散时，可考虑应急投加高分子絮凝剂。

（2）强化过滤

4.4.9 加强对滤池出水浊度控制的管理，初滤水应排放；有条件时，应设置对各个滤间出水的浊度和颗粒数进行轮流/顺序检测的设施。

4.4.10 处理高藻原水时，可采用气浮过滤、双层滤料滤池等强化过滤，并应加强气水反冲洗。

4.4.11 对于季节性氨氮超标的低微有机污染原水，在增加深度处理条件受限时，可将砂滤池改造为炭砂双层滤料滤池，强化对有机物的去除效果。

4.4.12 滤前间歇加氯有助于控制滤池中原虫等微生物的生长，应考虑消毒副产物浓度增加的风险和对滤池生物降解作用的影响。

4.5 臭氧生物活性炭深度处理

（1）原则要求

4.5.1 当原水中嗅味物质、有机污染物及氨氮含量较高，或者需要进一步降低水中消毒副产物，或是为了提高处理出水生物稳定性时，宜在常规处理的基础上，增加臭氧生物活性炭深度处理。

4.5.2 臭氧生物活性炭深度处理包括臭氧制备、主臭氧接触池、活性炭池、臭氧尾气消除装置等，实际应用中宜根据水源水质、饮用水水质要求和当地气候条件等因素确定工艺技术参数。采用臭氧生物活性炭深度处理的水厂可同时设置预臭氧处理单元。

17

4.5.3 当原水中溴离子浓度高于 $100\mu g/L$ 时，采用臭氧生物活性炭处理应关注臭氧化副产物溴酸盐超标的问题。

4.5.4 臭氧生物活性炭处理应设置拦截和消杀措施，控制浮游生物、底栖生物等微型动物繁殖或穿透活性炭池。（案例12）

（2）臭氧投加优化控制

4.5.5 臭氧处理包括预臭氧和主臭氧两个处理单元。预臭氧宜采用水射器扩散的方式投加。主臭氧宜采用微孔曝气盘曝气投加，投加方式可采用三段投加或两段投加法。

4.5.6 预臭氧接触时间一般控制在 $2\sim5min$，主臭氧接触时间一般控制在 $6\sim15min$。臭氧经管道输送至臭氧接触池，臭氧投加系统的设计应保证配气均匀，无泄漏。

4.5.7 臭氧投加量应根据原水水质、去除污染物的特点和余臭氧浓度确定，预臭氧投加量一般为 $0.5\sim1.0mg/L$，主臭氧投加量一般为 $0.5\sim2.0mg/L$。投加量以接触池出水余臭氧浓度控制在不大于 $0.1mg/L$ 为宜。

4.5.8 针对有机污染和氨氮问题的微污染型原水，预臭氧投加量宜控制在 $0.5\sim0.6mg/L$，主臭氧投加量控制在 $1.8\sim2.0mg/L$。

4.5.9 针对藻类问题时，预臭氧投加量宜控制在 $1mg/L$ 以内，主臭氧投加量控制在 $2mg/L$。处于藻类暴发期时，应根据藻浓度、原水水质等参数确定预臭氧和主臭氧的投加量及投加比例。

4.5.10 针对嗅味问题时，当2-甲基异莰醇（2-MIB）和土臭素等嗅味物质浓度低于 $200ng/L$ 时，主臭氧投加量宜维持在 $1.5\sim2.0mg/L$。针对鱼腥味物质时，宜保持低臭氧投加量（$1.0mg/L$）运行。原水中土霉味物质浓度高于 $200ng/L$ 时，可提高预臭氧和主臭氧投加量，并应加强溴酸盐等副产物监测；亦可采用臭氧/过氧化氢、紫外/过氧化氢等高级氧化工艺；或采用预处理、深度处理等多级屏障技术措施。

4.5.11 臭氧接触池的出水端应设置臭氧尾气消除装置，臭氧排放浓度应小于 $0.1mg/L$。

（3）活性炭吸附工艺选择

4.5.12 活性炭池的过流方式应根据其在工艺流程中的位置、水头损失和运行经验等因素确定，可采用下向流（降流式）或上向流（升流式）。当活性炭池设在砂滤之后（后置）且其后续无进一步除浊工艺时，应采用下向流；当活性炭池设在砂滤之前（前置）时，宜采用上向流。

对氨氮和有机物有去除要求，或者需关注生物风险时，可采用活性炭池前置工艺，或者用超滤替代后置的砂滤。

当沉淀池出水浊度较高，有机物含量相对较低时，应采用活性炭池后置工艺。

4.5.13 采用下向流工艺时，活性炭池宜选择普通快滤池池型，采用V型滤池和翻板滤池池型时，需考虑反冲洗集配水沿池长的均匀性。采用上向流工艺时，活性炭池宜采用底部面包管配水及上部不锈钢集水槽集水池的池型。

4.5.14 活性炭池反冲洗宜采用气、水分别冲洗的方式，且反冲洗用水平时应采用未加氯的砂滤池或活性炭池出水。冲洗周期夏季不高于1周。冲洗强度应满足不同水温炭层膨胀度限制要求，避免发生跑炭或不膨胀现象。反冲洗后应进行初滤水排放。

4.5.15 采用下向流工艺时，活性炭池进水浊度应小于0.5NTU；采用上向流工艺时，活性炭池进水浊度应小于1NTU。

（4）活性炭选择、更换与再生

4.5.16 活性炭的选择应根据当地水源水质进行吸附试验，确定适合的活性炭，可参考现行行业标准《生活饮用水净水厂用煤质活性炭》CJ/T 345 和《生活饮用水净水厂用煤质活性炭选用指南》。上向流工艺宜选用 30×60 目颗粒活性炭或试验确定的规格；下向流工艺宜选用 8×30 目、12×40 目或 $\varPhi 1.5$mm 颗粒活性炭或试验确定的规格。颗粒活性炭宜选用机械强度高、净水能力强、漂浮率低的煤质压块活性炭或煤质柱状活性炭。

4.5.17 活性炭装填前需用无氯水浸泡24h以上，使活性炭湿透及 pH 达到中性。为去除细小颗粒和未被浸透的炭，活性炭装填后应进行反冲洗。

4.5.18 可依据臭氧生物活性炭工艺在各个水厂中的实际功能要求，结合活性炭的作用机理以及各类指标之间的相关性分析来判定活性炭是否失效。换炭时应综合考虑活性炭的去除效果和机械强度。当存在以下情况时，可考虑活性炭部分、全部更换或再生：COD_{Mn} 去除率低于 20%，嗅味去除率不能满足要求，活性炭机械强度小于 80%。

4.5.19 活性炭更换的时间节点宜在水源水质易发生水质恶化之前的时段，不宜在供水高峰期和冬季低温期进行；宜对各活性炭池分批置换，每个活性炭池换炭时可保留部分旧炭以利于炭床中生物膜的生长，旧炭保留量不宜小于 10%。

4.5.20 使用再生活性炭应保证吸附性能和机械强度满足要求，吸附指标的恢复率不应低于原指标的 90%。

（5）溴酸盐控制

4.5.21 针对原水中溴离子偏高的问题，可优化臭氧投加，或在臭氧前投加硫酸铵或过氧化氢，抑制溴酸盐产生。投加硫酸铵时，需要同时考虑对溴酸盐的抑制作用，并防止总的氨氮含量超过 0.5mg/L。投加过氧化氢时，过氧化氢与臭氧投加比为 0.7：1（质量比）。（案例 13、案例 14）

（6）生物风险预防与控制

4.5.22 活性炭池的出水浊度宜小于 0.1NTU，并注意微生物穿透及溶解性微生物代谢产物的过量释放，及时调整反冲洗周期和强度。

4.5.23 针对微型动物二次繁殖和穿透的生物安全问题，宜在活性炭池底部设置石英砂垫层，高度不宜低于 300 mm，石英砂粒径在 0.6～1.0mm。

4.5.24 为控制微型动物泄漏，可在下向流活性炭池每格滤池的出水口处设置尼龙或者不锈钢生物拦截滤网，滤网的孔径宜选择 200 目以上，并需加强滤网观测与冲洗。也可采用活性炭池设置在砂滤池之前的工艺流程。

4.5.25 在水温较高季节应加强对活性炭池出水中微型动物的监测，出现问题时及时调整应对措施，包括加强预氯化、砂滤前加氯、滤池用含氯水反冲洗等。当活性炭池中微型动物滋生严重时，可把活性炭池中的水排干，自然干池数天后，进行反冲洗处理控制生物量。（案例15）

4.6 超滤膜组合处理

（1）原则要求

4.6.1 超滤膜组合技术主要包括超滤及与其他处理联用的组合技术，主要以降低浊度、保障出厂水生物安全性为目标，与其他技术联用可进一步去除水中小分子有机物。超滤可与混凝、沉淀、气浮、粉末活性炭、臭氧生物活性炭等处理单元联用，组成不同的组合处理工艺。工艺选择应根据水源水质特征、出水水质目标以及工程的具体条件，经技术经济比较后确定。

4.6.2 超滤膜系统主要包括工艺系统及监控系统。工艺系统应包括预处理、进水、膜堆（或膜组）、出水、排水、物理清洗、化学清洗、完整性测试、膜清洗废液处置等子系统；监控系统应包括工艺检测及自动控制等子系统。

4.6.3 超滤膜系统的运行通量、跨膜压差、膜组运行周期等设计参数，可根据相似条件水厂的运行经验确定，必要时进行现场试验；运行时应在保证膜出水水质的前提下尽量降低能耗，且在各种运行工况下相关参数应在设计取值范围内，同时应符合现行行业标准《城镇给水膜处理技术规程》CJJ/T 251 的有关规定。

4.6.4 膜组件应选用化学性能稳定、无毒、耐污染、抗氧化和酸碱度适用范围宽的成膜材料，并应符合现行国家标准《生活饮用水输配水设备及防护材料的安全性评价标准》GB/T 17219 的有关规定。膜组件及装置的完整性、通量、耐腐蚀性能等相关指标应符合现行行业标准《饮用水处理用浸没式中空纤维超滤膜组件及装置》CJ/T 530、《柱式中空纤维膜组件》HG/T 5111 的有关规定。膜组件的支撑材料宜采用不锈钢或其他耐腐蚀材料。膜组件的使用寿命一般不低于 5 年。

4.6.5 采用超滤膜处理工艺时应保证系统的水回收率，压力式膜系统不宜低于 90%，浸没式膜系统不宜低于 95%。

4.6.6 水厂膜工艺采用浸没式还是压力式应根据原水水质、占地、经济、工艺现状等因素综合考虑确定。规模较大的新建水厂和可利用现有池体改造的老旧水厂宜采用浸没式膜处理系统；用地紧张的水厂宜采用压力式膜处理系统。膜通量的选择需考虑水温变化和峰值流量的需求，并在水厂整体设计时（可用过滤水头、清水池容积等）予以综合考虑。

4.6.7 应逐渐积累膜水厂工程设计运行经验，进一步优化膜组合工艺流程和运行参数，并逐步提高全工艺流程的智能化控制水平。

（2）压力式膜处理技术

4.6.8 压力式膜系统正常设计通量宜为 $30 \sim 80 L/(m^2 \cdot h)$，最大设计通量不宜超过 $100 L/(m^2 \cdot h)$；正常跨膜压差宜小于 $0.10MPa$，最大跨膜压差宜小于 $0.20MPa$。

4.6.9 压力式膜系统物理清洗周期宜大于 30min，清洗历时宜为 $1 \sim 3min$；采用气水联合冲洗时，空气擦洗强度宜为 $0.10 \sim 0.15 m^3/(m^2 \cdot h)$，水冲洗强度宜为 $0.05 \sim 0.10 m^3/(m^2 \cdot h)$；单独水冲洗时，水冲洗强度宜为 $0.1 m^3/(m^2 \cdot h)$。

4.6.10 压力式膜组件可采用内压力式或外压力式中空纤维膜，其中内压力式中空纤维膜的过滤方式可采用死端过滤或错流过滤，外压力式中空纤维膜应采用死端过滤。（案例 16）

（3）浸没式膜处理技术

4.6.11 浸没式膜系统正常设计通量宜为 $20 \sim 45 L/(m^2 \cdot h)$，最大设计通量不宜超过 $60 L/(m^2 \cdot h)$；正常跨膜压差宜小于 $0.03MPa$，最大跨膜压差宜小于 $0.06MPa$。

4.6.12 浸没式膜系统物理清洗周期宜大于 60min，清洗历时宜为 $1 \sim 3min$；清洗方式宜采用气水联合冲洗的形式，空气擦洗强度宜按膜池内膜装置投影面积计，强度宜为 $15 \sim 30 m^3/(m^2 \cdot h)$；

水冲洗强度宜按不同产品建议值并结合水质条件确定，强度宜为 $0.05 \sim 0.09 \mathrm{m}^3/(\mathrm{m}^2 \cdot \mathrm{h})$。

4.6.13 浸没式膜组件可采用外压力式中空纤维膜，过滤方式应采用死端过滤。（案例17）

(4) 膜系统污染控制与清洗

4.6.14 有机物和无机物复合污染是造成膜不可逆污染的主要原因，可采用膜前强化混凝、膜前进水加氯和提高物理清洗曝气强度等方式控制膜污染过程。

4.6.15 膜系统的物理清洗周期根据设备设置要求确定，维护性清洗周期宜为 $6 \sim 30\mathrm{d}$，恢复性清洗周期宜大于3个月。

4.6.16 膜系统的化学清洗周期及参数应通过试验或根据相应工程的运行经验确定。清洗药剂主要包括次氯酸钠、氢氧化钠、乙二胺四乙酸四钠、十二烷基磺酸钠、盐酸、柠檬酸等，配方可参照有关设备产商要求并根据膜水厂运行情况进行相应调整。

4.6.17 膜系统的物理清洗排水宜进行回收，可通过沉淀等预处理后再经超滤处理以提高回收率；化学清洗废水宜设置专用化学处理池收集，并经处理后排放或集中外运，不得回用。

4.6.18 膜系统清洗必须注意安全操作，防止出现安全事故。

4.7 消 毒 技 术

(1) 原则要求

4.7.1 生活饮用水的消毒处理应根据对病原微生物学指标、消毒剂余量和副产物控制的有关要求，合理选择消毒工艺。

4.7.2 常用的消毒工艺包括氯消毒、氯胺消毒、二氧化氯消毒、臭氧消毒和紫外线消毒等。必要时，可采用组合消毒工艺。

4.7.3 组合消毒工艺通常包括紫外线和氯（氯胺）组合消毒、二氧化氯和氯组合消毒、氯和氯胺组合消毒等。对于隐孢子虫、贾第鞭毛虫（简称"两虫"）风险较高的原水，宜采用紫外线和氯（氯胺）组合消毒工艺并加强过滤；对于氯化消毒副产物前体物浓度较高的原水，宜采用紫外线和氯（氯胺）组合消毒工艺；

对于原水存在藻类、氯化物季节性超标等问题的中小水厂，可采用次氯酸钠和二氧化氯组合消毒工艺。

4.7.4 应根据原水水质、工艺流程和消毒副产物控制要求等确定消毒剂投加点的位置、数量和组合消毒的顺序。

4.7.5 消毒剂投加后应与水充分混合接触，接触时间应根据消毒剂种类和消毒目标以满足 CT 值〔消毒剂剩余浓度（mg/L）和接触时间（min）的乘积〕的要求确定，并应进行核算。水厂有条件时，宜单独设立消毒接触池。兼用于消毒接触的清水池，内部廊道总长与单宽之比宜大于 50。紫外线消毒应满足有效辐照剂量要求，并应与氯或氯胺联合使用以满足管网剩余消毒剂要求。

4.7.6 为确保管网末梢剩余消毒剂含量满足要求，应根据出厂水水质及消毒剂余量在管网中的变化，采取降低出厂水耗氯物质浓度、调整出厂水消毒剂余量、中途加氯、二次供水补加氯等措施。

（2）氯消毒

4.7.7 氯消毒工艺所用的消毒剂通常包括液氯、次氯酸钠和氯胺。

4.7.8 采用次氯酸钠消毒时，经技术经济比较后，可采用商品次氯酸钠溶液或采用次氯酸钠发生器通过电解食用盐现场制取，次氯酸钠溶液贮存需考虑有效氯衰减和歧化生成氯酸钠问题。当管网余氯维持困难和易产生过量三卤甲烷等消毒副产物时，宜采用氯胺消毒，氨的来源可采用液氨或硫酸铵。当使用液氯和液氨在运输、贮存和使用方面受到较多限制时，经技术经济比较和安全评估后，可采用次氯酸钠和硫酸铵。

4.7.9 加氯量控制有条件的可采用"双因子"控制方式，加氯量以出厂水量为前馈，以出厂水余氯值为后馈。

4.7.10 采用氯消毒工艺时应注意原水中氨氮浓度的变化，及时对消毒工艺进行调整，对于折点氯化的需要调整加氯量，或及时更改为氯胺消毒。

4.7.11 采用氯胺消毒时，应满足现行国家标准《生活饮用水卫生标准》GB 5749 中对氯胺消毒接触时间和出厂水余氯浓度的要求。氯与氨（包括原水中的氨氮）的投加质量比宜控制在 $3 : 1 \sim 4 : 1$，以控制氯胺形态以 NH_2Cl 为主。

(3) 二氧化氯消毒

4.7.12 二氧化氯消毒可采用复合型二氧化氯发生器或纯二氧化氯发生器。

4.7.13 采用二氧化氯消毒时应采取预防亚氯酸盐和氯酸盐等超标的控制措施，二氧化氯投加量（包括二氧化氯预氧化）不应大于 1.0mg/L（以二氧化氯计）。

4.7.14 对于二氧化氯耗量不超过 1.0mg/L 的原水，可采用纯二氧化氯发生器消毒；对于二氧化氯耗量超过 1.0mg/L 的原水，宜采用复合型二氧化氯发生器消毒。

4.7.15 二氧化氯发生器应设置残液分离系统，残液应按规定进行无害化处置。

(4) 紫外线消毒

4.7.16 紫外线消毒工艺应设置于过滤后，仍需投加化学消毒剂，以满足对管网水消毒剂余量的要求，同时应关注紫外线消毒后消毒副产物可能升高的问题。（案例 18）

4.7.17 紫外线有效剂量应不低于 $40mJ/cm^2$，包括在紫外灯运行寿命终点前，且处于峰值流量时之前。

4.7.18 应考虑水厂规模、用地条件、供电电源等因素，经技术经济比较后，合理确定紫外灯类型。当用地条件受限时，宜采用中压紫外线消毒设备；当供电容量受限或对节能有较高要求时，优先选用低压紫外线消毒设备。

4.7.19 紫外灯套管的清洗方式应根据水质特征、使用寿命、维护管理等不同情况，选择离线化学清洗、在线机械清洗或在线机械-化学清洗等不同方式。经检测紫外线消毒设备满负荷输出功率在额定功率的 80% 以下时，应及时对紫外灯进行更换。

4.7.20 更换的废旧紫外灯管应委托相应机构进行无害化处理。

（5）消毒副产物控制

4.7.21 采用液氯及次氯酸钠消毒时，应控制三卤甲烷等消毒副产物；采用氯胺消毒时，应控制含氮消毒副产物；溴离子含量高的原水，使用臭氧消毒时应控制溴酸盐产生，使用氯消毒时应控制溴代有机副产物产生；采用二氧化氯消毒时，应控制亚氯酸盐和氯酸盐产生。

4.7.22 消毒副产物的控制方式包括削减消毒副产物前体物、降低后续消毒副产物生成量的源头控制和适当的预处理、强化常规处理、深度处理、优化消毒工艺等过程控制。

4.7.23 富营养化湖库水源以及污染较为严重的江河和河网水源，特别是溶解性有机氮与溶解性有机碳质量之比大于20%时，除确保标准内消毒副产物稳定达标外，还应关注亚硝胺、卤乙腈、卤乙酰胺等含氮消毒副产物问题。（案例19）

4.8 地下水净化处理技术

（1）地下水铁、锰去除技术

4.8.1 当地下水因铁、锰（铁大于0.3mg/L、锰大于0.1mg/L）使出厂水产生色度问题时，应考虑通过适当工艺技术进行净化，除铁除锰工艺分为曝气-接触氧化过滤法除铁锰、曝气-生物氧化过滤法除铁锰和化学药剂氧化过滤法除铁锰。

4.8.2 当原水中同时存在氨氮和铁锰或含铁量超过15mg/L、含锰量超过0.5mg/L时，宜采用多级曝气-过滤或化学氧化过滤除铁除锰工艺。（案例20）

（2）地下水砷去除技术

4.8.3 除砷一般可采用混凝沉淀法和吸附法，当同时有脱盐需求时可采用反渗透法或纳滤法。

4.8.4 采用混凝沉淀法或吸附法除砷，应先将水中的三价砷氧化为五价砷，三价砷氧化可采用高锰酸钾、氯和臭氧等氧化剂，以$KMnO_4$预氧化效果最佳，投加量一般不超过0.15mg/L；水中存在氨氮时，不宜采用氯氧化；中小型水厂可采用次氯酸钠、漂白粉、漂白精等替代氯气。

4.8.5 采用混凝沉淀法除砷时，可选用铁盐或铝盐混凝剂，通常铁盐混凝剂的效果要优于铝盐混凝剂。混凝除砷产生的废水和污泥应进行妥善处置。

4.8.6 采用吸附法除砷时，传统吸附剂为沸石、活性氧化铝等，新型吸附剂为原位负载铁锰复合氧化物。采用吸附固定床处理时，吸附固定床设计参数应根据砷浓度、吸附剂类型等确定。

4.8.7 当原水中铁锰与砷同时超标时，宜采用铁、锰、砷分段去除的工艺，除铁、除锰工艺宜设置在除砷工艺前。

4.8.8 当原水中同时存在三价砷和五价砷，且硅酸盐浓度低于20mg/L（以硅计）时，可采用基于铁锰复合氧化物吸附材料的氧化-吸附除砷技术。

（3）地下水氟去除技术

4.8.9 当地下水中氟超标时，可采用吸附法或混凝沉淀法，当同时有脱盐需求时，宜选用反渗透法、纳滤法或电渗析法。

4.8.10 混凝沉淀法适用于氟超标不严重的地下水处理，混凝剂优先选择铝盐，需控制 pH 在 6.5～7.5，混凝剂投加量受原水含氟量、pH 等因素影响，应通过试验确定。

4.8.11 吸附法适用水质条件较宽，但处理成本比混凝沉淀法高。传统吸附剂可选用活性氧化铝，新型吸附剂可选用矿物复合金属氧化物（如铝基金属复合氧化物）。

4.8.12 活性氧化铝吸附法除氟宜采用吸附固定床，可根据需要设置成多床串联的形式，设计参数应根据氟化物浓度、设计再生周期等确定。当单级吸附床吸附剂饱和时，需对吸附剂进行再生处理。反冲洗废水和再生废液必须进行妥善处置。

4.8.13 采用原位铝基金属复合氧化物吸附剂时，将金属复合氧化物吸附剂负载在多孔载体表面形成吸附填料床，吸附容量不低于300mg/g。吸附床饱和后定期补充药剂进行再生。

（4）地下水硬度去除技术

4.8.14 高硬度原水需进行软化处理，药剂软化法成本较低，适用于较大规模水厂；有条件时可采用纳滤法、反渗透法或电渗析法。

4.8.15 诱导结晶软化技术是一种强化的药剂软化法，氢氧化钠适用于碳酸盐硬度的去除。诱导结晶软化处理工艺：加药—诱晶软化单元—过滤单元—清水池（兼 pH 调节）。软化单元可采用高效固液分离、流化床等反应形式。

4.8.16 诱晶材料应处于流化状态，可选用石英砂等具有一定密度和强度的材料；可设置自动排渣系统，定期排出粒径过大的水垢结晶体。

4.8.17 软化药剂、混凝剂用量应根据水源水质变化情况及出水水质要求进行动态调整。通过投加量数据的积累，建立投加量调整经验公式。（案例 21）

（5）地下水挥发性氯代烃去除技术

4.8.18 对于挥发性卤代烃的去除，优先采用曝气吹脱技术，净化工艺应根据污染物种类及其亨利系数、污染物浓度确定，亦可通过现场试验进行技术经济综合比选确定。

4.8.19 曝气吹脱可采用曝气池曝气、喷淋曝气、填料床曝气和筛板曝气等形式。对于四氯化碳浓度小于或等于 $20\mu g/L$ 的水源，可采用曝气池曝气；对于四氯化碳浓度大于 $20\mu g/L$ 的水源，可采用喷淋曝气、填料床曝气或筛板曝气。

4.8.20 填料床曝气可采用流化床或固定床形式，其中填料材质采用金属、陶瓷和塑料等，填料类型可选用拉西环、鲍尔环、聚丙烯多面空心球等填料或其他新型填料。

4.8.21 曝气吹脱可采用鼓风曝气方式，曝气装置宜采用穿孔管或微孔曝气盘。曝气吹脱尾气除湿后采用活性炭吸附去除，除湿可采用除湿机，具体规格依据尾气风量、湿度、目标湿度值和单位除湿量等参数选择。（案例 22、案例 23）

5 供水安全输配

5.1 一般规定

5.1.1 通过管网更新改造、优化调度、漏损控制、水质保持和二次供水管理等措施，实现供水管网系统的安全、低耗、节能运行，满足用户的水量、水压、水质要求。

5.1.2 供水管网优先采用球墨铸铁管、钢管、不锈钢管等优质管材，加速淘汰灰口铸铁管等劣质管材和老旧管道，禁止使用无卫生许可的管材和内衬。

5.1.3 进一步理顺管理体制，明晰二次供水管理责权，推行专业化运行维护，保障"最后一公里"供水安全。

5.1.4 采用物联网、大数据、人工智能等新技术，促进供水管网的信息化、数字化、智能化，提高供水管网运行管理的现代化水平。

5.2 管网更新改造

5.2.1 供水管网更新改造应满足国家现行有关标准的要求，并综合考虑城市发展总体规划、供水规划、供水安全等因素，着力改善管网末梢水质、保障服务水压、降低管网漏损、减少二次供水的比例。

5.2.2 管网更新改造应优先考虑：管网结构布局不合理，供水管网输配能力与实际需水量矛盾的管网；未实现区域间互联互通的多水源供水管网，枝状管网，未满足两路进水要求的用水单位管网；存在重大安全隐患的输水干管，以及管网陈旧、水质难以稳定达标、安全性差而频繁爆管的管网。

5.2.3 管网更新改造前，应综合采用管网地理信息系统、水力模型和水质模型、漏损评估等方法，对现有管网进行评估，科学确定更新改造方案，选择合适的管材、附属设施及施工技术。

5.2.4 管网施工过程中，应严格执行有关的标准和规程规范，确保管网系统良好的密闭性，避免管网失压，降低漏水损失，杜绝污染物进入管网系统。

5.2.5 管网改造工程竣工后，应将新建管道及其附属设施的图形和属性数据录入管网地理信息系统；未建立管网地理信息系统的，应做好纸质和电子的竣工资料存档工作。

5.3 管网优化调度

5.3.1 供水管网优化调度首先要满足用户对水量、水压和水质的基本要求，在此基础上，还应考虑管网漏损率、能耗等指标，提升管网运行的经济效益。

5.3.2 优化调度包含预测用水量、建立调度模型、执行调度决策三个步骤。调度模型分为宏观模型与微观模型两类。调度模型包括四个要素：优化目标、约束条件、决策变量和执行算法。调度决策变量为供水管网内的厂站出流量、提升压力或水泵开车台时、变频量过程、关键阀门的开闭状态过程、水库充放水或库容过程等。

5.3.3 根据用水量预测结果进行调度，用水量预测分为日用水量预测和时用水量预测。日用水量预测一般由历史数据分析得出；时用水量预测多由历史数据结合管网实时监测数据得出。

5.3.4 日用水量预测一般用于水厂的生产计划调度，时用水量预测一般用于管网供水泵站实时调度。用水量预测应考虑用水量变化趋势、气象条件及节假日等因素的影响，可选择多元回归分析方法、时间序列分析方法等。

5.3.5 优化调度方式分为直接优化调度和两级优化调度。直接优化调度将水泵与管网作为整体，直接调度各台水泵；两级优化调度，第一级优化各泵站流量和压力，第二级优化泵站内的水泵机组组合。中小型管网宜采用直接优化调度，大型管网多采用两级优化调度。（案例24）

5.3.6 为应对爆管、管网局部突发水质事件等，供水部门应编制对应的供水管网应急调度方案和水质保障方案，规范应急流程管理，定期开展应急演练。

5.3.7 供水管网应急调度方案包括泵站调控、需调整的阀门组群、应急抢修、恢复运行、应急监测等内容。

5.3.8 突发事件发生后，应及时启动对应的应急调度方案；短时间不能恢复供水的区域，应启动临时供水方案。

5.4 管网漏损控制

（1）漏损评估与控制策略

5.4.1 供水单位应定期开展水量平衡分析，确定管网漏损量及各构成要素所占比例。实施分区管理的供水单位，宜同时对各分区开展水量平衡分析。

5.4.2 供水单位宜采用漏损率、单位管长漏损水量等指标对管网漏损进行综合评估，并需考虑供水压力、单位管长供水量、冻土深度、抄表到户率等因素。

5.4.3 管网漏损控制措施包括：管网更新、分区管理、漏失检测、压力调控、计量损失控制等。

5.4.4 供水单位应重视管网破损数据收集与数据库建设，加强数据分析与管网破损模型建设，识别高破损风险管线，支撑管网漏损高效控制。

5.4.5 供水单位应根据漏损评估结果，因地制宜制定科学、高效的漏损控制方案。不同漏损率水平下的漏损控制措施优先级排序建议见表5。

（2）分区管理

5.4.6 供水单位应积极采用分区计量管理来量化漏损的时空分布，有针对性地开展漏损控制工作。分区计量管理模式包括以居民小区为主的独立计量区（DMA）管理和规模较大的区域管理两种。

5.4.7 新建管网和具备独立计量条件的既有管网（小区），应优先采用 DMA 管理；供水单位宜综合使用两种模式，逐步建成完善的管网分区计量管理体系。

5.4.8 区域管理的存量漏损主要通过水量平衡分析进行评估。DMA 的存量漏损主要通过单位户数最小夜间流量、单位管长最小夜间流量、最小夜间流量与日均流量比值等指标进行评估。

5.4.9 供水单位应开展 DMA 最小夜间流量的调查，根据供水规模、用户特征等确定符合本区域管网条件的判定阈值，据此确定漏损重点排查区域；并进行长期跟踪监测和数据分析，及时发现新增漏损。

5.4.10 DMA 数量较多时，建议根据 DMA 的特点，科学分析不同措施所能起到的节水效果，采取对应措施。（案例 25）

（3）压力调控

5.4.11 供水管网在保证管网压力基本要求的基础上，可通过实施压力调控优化压力时空分布，降低管网漏损，实现节能节水。

5.4.12 管网压力调控可在出厂泵站、加压泵站、管网调控阀门、二次供水等关键节点实施。各调控节点应协调联动，实现压力分布整体优化。

5.4.13 管网压力调控应进行方案分析和经济性比对，并考虑供水安全、居民用水体验、水质风险等因素，确定局部减压措施的必要性，实施减压前，应开展管网检漏作业。

5.4.14 水箱式二次供水水量占比较高的管网，可采用进水错峰调节，减少对市政管网压力的影响。

（4）漏失检测

5.4.15 供水单位应自建检漏队伍或委托专业检漏单位主动进行管网漏失检测。管网漏失检测前，宜结合管线破损分析、分区计量管理、存量漏损评估、新增漏损预警等技术，制定优化的检测方案，提高检测效率。

5.4.16 漏失检测可采用听音检漏法、相关分析法、气体示踪法等方法，并与分区计量、最小夜间流量等漏失分析技术结合使用。较常见的是最小夜间流量法与听音检漏法的结合，前者可判断

区域内有无漏失及漏失量大小，后者可探测出漏水点的位置。（案例26）

（5）维护更新

5.4.17 供水单位应建立管网事故（漏失/爆管）及维护数据库，记录事故发生的类型、位置、原因、管材、管径、管龄、运行工况、处置方案等信息。

5.4.18 供水单位应定期分析管线健康状态，制定管线维护更新计划，加强老旧管线、劣质管材的维修维护和更新改造，降低管网漏损率。（案例27）

（6）计量损失与其他损失管理

5.4.19 供水单位应定期校验和分析流量计与水表的计量精度，确定计量损失水量。在此基础上，通过成本效益分析，确定流量计与水表校核及更新策略。

5.4.20 供水单位应建立管网漏损控制管理体系，明确部门和人员责任，制定相应的绩效考核办法，减少因未注册用水、管理因素等导致的其他损失水量。

5.5　管网水质保持

（1）水质稳定性基本要求

5.5.1 为了保障终端用户水质达到现行国家标准《生活饮用水卫生标准》GB 5749 要求，管网水质应能满足对消毒剂余量、生物稳定性和化学稳定性的要求。

5.5.2 生物稳定性评价指标可选用总有机碳、生物可同化有机碳、异养菌平板计数和消毒剂余量等。化学稳定性评价指标可选用总碱度、碳酸钙沉淀势和拉森指数等。

5.5.3 可通过预处理、强化常规处理等措施，将出厂水浊度控制在 0.3NTU 以下、总有机碳控制在 3.0mg/L 以下，以有效降低管网微生物风险，并控制出厂水残余铝、铁的浓度在 0.1mg/L以下，以减少管道沉积物。

5.5.4 应加强管网水质在线监测能力建设。单一水厂的独立供水管网可设置不少于 2 个在线水质监测点（不含出厂水），每 10 万供水人口可设置 1 个管网在线水质监测点。鼓励结合二次供水建设和改造设置在线水质监测点。监测项目的选择可根据管网水质变化特征确定，监测点位置的选择应综合考虑管网特征、人口密集度等因素。多水源、多水厂同时供水的管网，应考虑在不同水源、不同水厂供水管网的边界区域设置水质监测点。

（2）水质保持控制措施

5.5.5 针对溶解性有机物含量高的微污染原水，可通过水厂内强化常规、臭氧生物活性炭深度处理等工艺强化有机物的去除，提高出厂水的生物稳定性。

5.5.6 针对低碱度、低硬度的原水水质，可通过水厂内多点石灰投加、二氧化碳-石灰再矿化等方式提高出厂水的化学稳定性。多水源供水时，可通过原水掺混的方式调节出厂水化学稳定性。

5.5.7 在不同水源切换（或水厂工艺改变）前，应对出厂水的 pH、硫酸根、氯离子、总硬度、总碱度等的变化做出预判，分析管网水质化学稳定性变化趋势，考虑拉森指数、管垢稳定性、消毒剂种类与浓度、硝酸盐浓度、生物膜群落结构等方面的因素，制定合理的水源切换管网"黄水"预防与控制措施，包括原水勾兑、水质调整、管网改造等。（案例 28）

5.5.8 在水厂出水干管、加压泵站、管网水质不利点等关键位置设置消毒剂在线监测点，根据监测结果及时调节消毒剂投加量。可利用管网水力水质模型和地理信息系统建立可视化管网消毒剂余量联调、联控平台，保障管网末梢水质微生物指标稳定达标。

5.5.9 针对管网末梢消毒剂余量不足，特别是城乡统筹长距离输配水管网，可在管网中途补加消毒剂，消毒剂补加点可设在加压泵站。

5.5.10 市政供水管网小区接入点的消毒剂最低浓度应满足终端用户龙头水消毒剂余量要求，可通过水厂加氯或中途补氯进行调控，并根据季节和温度调整。（案例 29）

5.5.11 可选择管网末梢水龄作为间接表征水质的指标，其控制阈值可根据水质特征、管网条件、地域气候等因素综合确定。针对管网水流速度慢、水力停留时间长、水质变化较大、不能稳定达标的区域，可通过优化调度降低水力停留时间。（案例30）

5.5.12 应制定管道放水与冲洗制度，确定需要放水或冲洗的管段与控制指标。冲洗可采用气-水两相流管道冲洗技术、冰浆管道冲洗技术等。对于切换水源运行初期或事故停水等，应强化受影响区域的管道冲洗。（案例31）

5.5.13 对于管网水质长期无法稳定达标的区域或用户，应具体分析原因，可采取多级加氯、老旧管道改造、管道冲洗、滞水管段周期性放水、改善管网联通性等多种方式，降低管网水龄、改善管网末梢消毒剂浓度。

5.6 二次供水系统

（1）建设与改造

5.6.1 当终端用户对水压、水量要求超过供水管网的供水能力时，必须建设二次供水设施。二次供水设施的建设与改造不得影响城镇供水管网正常供水。二次供水系统应首先保障终端用户的水压、水量和水质要求，兼顾建筑节水要求。

5.6.2 应根据城镇供水管网条件，综合考虑调蓄水量、节能降耗与水质保障等因素，选择安全、经济、可靠的二次供水方式，包括低位水箱（池）＋变频调速供水、叠压供水、高位水箱供水等。二次供水技术方案应满足区域供水总体规划的要求，不得影响城市供水管网的正常供水。新建多层建筑供水宜采用市政管网直供方式。

5.6.3 低位水箱（池）＋变频调速供水。适用于供水管网不允许直接抽水的二次供水系统，不设高位水箱。变频泵选择应以低噪声、节能、可靠、维护方便为原则。

5.6.4 叠压供水。适用于该处市政给水管网有充足的水量和稳定的水压，使用叠压供水的可参考《叠压供水技术规程》

CECS 221。

5.6.5 高位水箱供水。包括市政管网＋高位水箱、低位水箱（池）＋定速泵＋高位水箱、叠压供水＋高位水箱等方式。高位水箱存在较大的二次污染风险，宜通过改造老式水箱、合理选择材料和水箱构造、规范设计与施工，采取夏季防晒冬季保温的措施，并加强运维管理。

5.6.6 二次供水设备选型。应综合考虑安全、能耗、投资、运行管理等因素，合理选择相应的设施设备。

5.6.7 二次供水水箱（池）设施完善。应对现状二次供水系统水质和改造方案进行评估，对于存在水池或水箱的二次供水方式，在保证供水安全的前提下应优先考虑优化水池、水箱水位和充放水模式，通过降低贮水量、提升水体周转率，降低水龄。

5.6.8 小区的室外给水干管宜布置成环状，给水支管和接户管可布置成枝状；室内给水管道采用枝状布置时，宜将大水量且频繁使用的用水器具（如坐便器）布置在管道末端以改善水质；在户内用水点使用频率较低的情况下，有条件的可将户内给水管道布置成环状，以消除死水区。

5.6.9 二次供水材料与设备应安全可靠、性能优良、技术先进和节能环保，同时符合现行国家标准《生活饮用水输配水设备及防护材料的安全性评价标准》GB/T 17219 和《二次供水设施卫生规范》GB 17051 的规定。

5.6.10 二次供水设施应采取防止水质污染措施，并符合现行国家标准《建筑给水排水设计标准》GB 50015 和现行行业标准《二次供水工程技术规程》CJJ 140 的相关规定。

（2）运维与管理

5.6.11 应建立二次供水信息化管理系统，开展二次供水水质、水量、水压、水位、设施状态等参数在线监测和泵房视频监控，便于企业管理、用户查询和政府监管。

5.6.12 应建立健全设施维护、清洗消毒、水质检测、持证上岗、档案管理、应急和治安防范等制度，规范二次供水日常管理和应急处置工作。

5.6.13 应加强对二次供水水箱（池）的定期清洗消毒（每半年不得少于一次），应建立清洗消毒档案；水箱（池）清洗消毒后水质检测应符合现行行业标准《二次供水工程技术规程》CJJ 140 和现行国家标准《生活饮用水卫生标准》GB 5749 的规定。

5.6.14 对于二次供水消毒剂余量不足的，生活水箱（池）可设置消毒设备，选择紫外线消毒或补加次氯酸钠等方式，紫外线消毒灯管累计使用时间应符合灯管使用寿命要求。

5.6.15 宜按国家、行业标准有关要求和当地政府的管理要求，制定二次供水水质定期检测制度，包括抽样比例、检测频率和检测指标等，以指导二次供水设施运维与管理。

5.6.16 二次供水系统应具备防投毒、防破坏的措施和自动报警功能，二次供水设施安防标准应满足反恐怖防范管理要求。二次供水设施运行管理单位宜与公安机关联动配合，将二次供水管理纳入公共安全管理范畴。（案例 32）

5.7 管网信息化与智能化

5.7.1 供水管网信息化与智能化建设主要包括供水管网地理信息系统（GIS）、数据采集与控制（SCADA）系统、管网模型系统和智能诊断与智能决策系统等。宜统筹规划、协同设计、数据共享、分期建设。

(1) 地理信息系统

5.7.2 供水管网地理信息系统（GIS）建设可根据管理需求采用 C/S、B/S、M/S 多种架构，应具备数据编辑浏览、查询定位、统计分析、数据入库、数据转换、数据检查、图层管理、输出打印、系统配置、任务管理等基本功能。

5.7.3 供水管网地理信息系统（GIS）应具备与其他相关管理子系统（如供水管网 SCADA 系统、营业收费系统、管网水力水质模型、巡检系统等）共享数据接口与功能应用的拓展能力。

5.7.4 应建立完善的管网 GIS 管理维护制度并有专人负责，通过定期维护，确保管网数据准确与动态更新。

（2）数据采集与控制系统

5.7.5 供水管网数据采集与控制（SCADA）系统主要监测管网压力、流量、水池水位、水质、阀门开度、水泵运行等控制参数，具备现场运行设备及管网设施的数据采集、数据传输、设备控制及信号报警等功能。

5.7.6 供水管网中测压、测流以及水质监测等设备，宜根据应用目标结合管网模型和人工智能算法，进行优化布置。

5.7.7 应采用适当的监测数据质量控制手段，以保证数据的准确性与有效性。宜采用统计学、机器学习或其他智能化算法进行监测数据降噪、异常值清除与缺失值的填补。（案例33）

（3）水力水质模型

5.7.8 供水管网水力水质模型包括管网模型拓扑构建、节点水量分配、管网模型参数校核、模型应用与更新维护等。

5.7.9 管网模型宜根据供水规模以及规划设计、状态评估、运行调度等不同的应用需求进行适当简化，对管网模型的简化应符合水力等效和小误差原则。

5.7.10 供水管网水力模型校核应满足以下要求：针对状态评估与运行调度需求，95%的校核节点多时段绝对误差均值在±2m之内；80%的校核节点多时段绝对误差均值在±1.5m之内；50%的校核节点多时段绝对误差均值在±1m之内；管段流量小于等于总供水量的10%，多时段流量平均绝对百分比误差在±10%以内；管段流量大于总供水量的10%，多时段流量平均绝对百分比误差在±5%以内。针对改扩建规划设计需求误差可适当放宽。

5.7.11 在水力模型的基础上可建立管网水质模型，选择余氯、水龄等作为管网水质模拟参数，并定期进行管网水质模型参数的校核。

5.7.12 管网模型维护应与管网新建、修复和更新改造保持同步。宜每半年到一年对管网模型进行维护和校核一次，并制定相应管网模型维护更新制度。

5.7.13 有条件的供水单位宜建立在线供水管网模型，根据SCADA 数据对节点需水量等模型参数进行在线更新，每天不少于一次。

（4）智能化管理

5.7.14 应充分利用大数据分析、人工智能、云计算等技术，努力实现远程数据上传，在线离线数据处理计算分析，构建大数据-水力水质模型-人工智能技术三位一体的供水管网智能化管理平台，实现精细化高效管理。

5.7.15 供水管网智能化管理平台应具备监测数据分析与实时报警、在线水力模拟、管网优化调度决策、分区计量与漏损控制、水质模拟与管理、爆管及突发污染应急等管理功能。

5.7.16 供水系统信息网络安全建设应从安全技术和安全管理两方面进行，应从物理环境网络、通信网络、区域边界、计算环境、管理中心五个安全技术方面加强网络安全防护；安全管理应包括安全管理机构、安全管理人员、安全管理制度和安全建设管理。（案例 34）

下篇　全过程多维协同管理技术

6　水质监测预警

6.1　一　般　规　定

6.1.1　应建立公共供水的全流程水质监测体系，并按照国家及行业标准要求[①]，对水源水、出厂水和管网末梢水进行水质检测，保证供水水质安全。

6.1.2　加强公共供水全过程的水质监测和预警能力建设。水质监测能力建设应统筹实验室、在线和移动水质检测等设备设施配置；水质预警能力建设应以水源水质为重点，做好在线监测、信息分析和模型预测。

6.1.3　公共供水单位应具备相应的检测能力。供水能力 $1000m^3/d$ 以上的公共供水单位应建立水质化验室，水质化验室建设和管理应执行有关标准的规定[②]。

6.1.4　水质监测仪器设备的配置应满足检测方法准确度、精密度、检测限等要求，鼓励选用技术先进、性能稳定、性价比合理的产品。

6.1.5　公共供水水质监测预警系统应纳入各地供水专项规划和信息平台建设，建立部门间信息资源共享和上下游城市联动预警机制。

---

①　《地表水环境质量标准》GB 3838、《地下水质量标准》GB/T 14848、《生活饮用水卫生标准》GB 5749、《生活饮用水标准检验方法》GB/T 5750、《城市供水水质标准》CJ/T 206、《城镇供水水质标准检验方法》CJ/T 141。

②　《城镇供水与污水处理化验室技术规范》CJJ/T 182。

6.2 实验室检测

6.2.1 县级城镇或供水能力大于 10 万 m³/d 的公共供水单位，检测能力应至少覆盖国家标准或行业标准规定的日检指标；10 万 m³/d 以下的公共供水单位，检测能力应至少覆盖国家标准或行业标准规定的日检理化指标。

6.2.2 地级市或供水能力达到 30 万 m³/d 以上的公共供水单位，检测能力应覆盖现行国家标准《生活饮用水卫生标准》GB 5749 常规指标，非常规指标可委托有资质的检测机构检测。

6.2.3 直辖市、省会城市、计划单列市或供水能力达到 50 万 m³/d 的公共供水单位，检测能力应覆盖现行国家标准《生活饮用水卫生标准》GB 5749 全部指标。

6.2.4 公共供水单位应根据当地水源和工艺特点，建立针对当地风险污染物指标的检测能力，或委托有资质的检测机构检测。

6.2.5 水质化验室应选用国家标准方法或行业标准方法，鼓励使用其中的高通量、高灵敏、低成本、绿色高效的检测方法；对于无标准检测方法或标准方法不适用的指标，可采用通过验证或确认的其他等效方法。

6.2.6 水源水的水质检测，应根据当地水源类型特点，结合历史水质情况及污染源风险，重点关注季节性变化显著或污染风险较大的水质指标，在高风险时段加强特征污染物的检测。当水源出现高藻问题时，应加强对藻类和嗅味的检测。

6.2.7 水厂工艺过程的水质检测，应根据水源水质和处理单元情况，选择控制性水质指标，对预处理水、沉淀水、滤后水、深度处理出水等工艺控制点进行检测。

6.2.8 出厂水的水质检测，应重点关注浊度、臭和味、pH、消毒剂余量及微生物指标。对消毒副产物指标的检测应根据水源和消毒工艺的特点确定。对于因地域或不同水源类型产生的水质问题，应加强对出厂水中相关特征污染物的检测。

6.2.9 管网水的水质检测，应重点关注浊度、色度、臭和味、消毒剂余量及微生物等指标。对于管网末梢、多水源供水区、二次供水设施等易发生水质次生污染的敏感点位，还应加强铁、锰、亚硝酸盐、消毒副产物及其他可能的污染性指标检测。

6.2.10 当检测中发现水质指标异常时，应增加检测点和检测频次，对异常情况提出处置措施建议。（案例35、案例36）

6.3 在 线 监 测

6.3.1 应在供水安全的关键环节，设置在线监测设备，实时掌握水质变化情况。应按相关要求定期进行设备的校验及维护，保证在线监测数据的有效性和可靠性。

6.3.2 水源水在线监测站点应设置在取水口或水厂进水口。监测指标应根据水源水质特征选择，地表水源可监测 pH、浊度、温度、溶解氧、电导率、氨氮、COD_{Mn} 等指标；地下水源可监测 pH、浊度、温度、溶解氧、电导率等指标。依据风险类型可增加重金属、叶绿素 a、UV_{254} 及综合毒性等相应监测指标。

6.3.3 水厂工艺过程在线监测点可设置在预处理、沉淀、过滤等主要工艺单元出水位置。监测指标应根据水质实际情况和工艺单元处理特点进行选择，主要包括浊度、pH 等，有条件的还可监测颗粒数等指标。

6.3.4 出厂水及管网水水质在线监测点的设置应与实验室水质检测采样点统筹考虑，可选择在出水泵房、供水干管、不同水厂供水交汇区域、水质投诉多发和敏感区域等设置在线监测点位，具体布局原则参照现行行业标准《城镇供水水质在线监测技术标准》CJJ/T 271 的相关要求执行。二次供水在线监测点宜设在二次供水设施加压后的出水口。监测指标应包括浊度、消毒剂余量等。对于地下水供水的出厂水、地表水和地下水混合供水的管网交汇区、多水源供水区域的管网，可增设电导率在线监测。

6.4 移动检测

6.4.1 为适应突发水污染事件、重大自然灾害、重大工程事故等应急供水的现场检测及水质监督监测的需求，应建设具有现场检测、水样保存与前处理等功能的移动检测实验室。

6.4.2 移动检测实验室的空间布局、设施环境等应满足现行国家标准《洁净室及相关受控环境 性能及合理性评价》GB/T 29469 的相关要求。移动检测能力建设可参照《城镇供水水质检测移动实验室》（T/CECS ×××—202×，编制中）的相关要求。

6.4.3 移动检测项目根据现场监测的需求确定，应重点关注 pH、浊度、臭和味、消毒剂余量、重金属等对检测时效性要求高的水质指标，突发污染应增加特征污染物检测指标。

6.4.4 移动检测方法应优先选用国家标准方法或行业标准方法；对于无标准检测方法或标准方法不适用的指标，可采用通过验证确认的其他等效方法。

6.4.5 移动检测实验室应建立日常运行维护及安全管理制度，定期进行移动式检测设备的启用与维护，进行载体的维护保养，确保正常运行。（案例 37）

6.5 水质预警

6.5.1 水质预警是基于水质在线监测数据和实验室检测结果，结合历史水质监测数据，采用数学模型等手段，研判水质变化趋势，对可能出现的重大水质问题发布预警公告，为应急响应提供决策依据。

6.5.2 水质预警应重点关注水源突发性污染、季节性水质变化、多水源切换和供水管网爆管等导致的水质异常变化，并对"触发阈值"的状况及时给出警示信息。

6.5.3 水质预警应重视数据质量控制，按照相关要求对实验室检测、在线监测、移动检测等监测数据进行审核、修约、备份等处理，提高数据的有效性、准确性和可靠性。

6.5.4 水质预警可根据污染特征，通过信息化手段，采用单一指标、多指标和数学模型等不同预测方法，对水质指标的异常波动、接近标准限值、超标等情况做出预测和趋势判断，提出报警信息。（案例38、案例39）

7 供水应急保障

7.1 一 般 规 定

7.1.1 为应对水源突发污染、自然灾害、事故灾难、公共卫生事件等突发事件，需要采取的措施包括：应急预案及响应、应急处理处置和供水应急救援等。

7.2 应急预案及响应

7.2.1 针对城市供水突发事件，城市政府和供水企业应分别制定应急预案。应急预案的具体内容和编制办法可参见《城市供水突发事件应急预案编制指南》。

7.2.2 当发生供水突发事件时，应统筹兼顾综合施策。首先考虑水源调配和供水系统调度，规避水质风险；如无法规避时，可采用自来水厂应急净化处理、临时供水等应对措施。

7.2.3 城市供水突发事件分为四个等级：特别重大（Ⅰ级）、重大（Ⅱ级）、较大（Ⅲ级）、一般（Ⅳ级）。对具体事件的定级，应按照事件对社会的影响范围与程度，依据国家和地方的相关分级标准来确定。

7.2.4 城市政府与供水企业的预警响应等级根据事件对供水安全的影响和短期饮用超标自来水对人体健康的影响及其迫切性来确定。预警响应等级分为红色、橙色、黄色和蓝色。

7.2.5 城市政府应急预案要解决政府部门供水突发事件应急机构职责界限及相关部门协调、联动问题，明确供水突发事件中城市的总体协调应对，主要包括应急管理、应急体系、应急措施等内容，核心内容是针对供水突发事件的应急响应措施。

7.2.6 供水企业的应急预案主要解决本企业供水区域内供水突发事件的防范和应急处置，同时应明确城市供水预案中需要配合采取的应对措施，以及城市供水预案和企业供水预案的具体衔接。

7.2.7 各地应针对当地发生突发事件的风险情况开展相应的水质应急监测和预警。当发生突发事件时，应按应急预案规定的程序和要求及时做出应急响应。（案例40）

7.3 应急处理处置

7.3.1 当水源发生突发污染时，应视水源及污染情况进行必要的处置，包括：多水源调度、多水厂联合调度、应急净化处理、降压（减量）供水、严重时停止供水等。

7.3.2 有应急水源或备用水源的水厂，发生突发事件时可暂时停止从在用污染水源取水或减量取水，启动应急水源或备用水源进行替代或稀释，减轻污染事故的影响。

7.3.3 有条件的城市可建立多水源、多水厂联合供水调度的原水或供水干管通道，实现原水互补或清水联通。

7.3.4 应急供水期间的供水量首先满足城市居民基本生活用水需求，并应根据城市特性及特点确定其他必要的供水量需求。

7.3.5 应急处理技术应满足：处理效果显著，出水水质满足饮用水水质标准；能与现有水厂处理工艺相结合，能够快速实施，易于操作等。

7.3.6 应根据特征污染物的种类选择应急净水处理技术：可吸附有机污染物可选择应急吸附技术；金属和非金属离子污染物可选择化学沉淀技术；还原性污染物（如氰化物、硫化物、亚硝酸盐等）可选择化学氧化技术；挥发性污染物可选择曝气吹脱技术；微生物污染可选择强化消毒技术；藻类暴发引起水质恶化可选择综合应急处理技术；大面积的油类污染可使用吸油毡、围油栏等工具进行吸附处理；受到多重污染的复杂原水，可采用氧化、活性炭吸附联用等多级屏障措施。

7.3.7 粉末活性炭吸附可以应对可吸附的芳香烃类有机物、农药、2-甲基异莰醇、土臭素等物质。粉末活性炭宜在水源地取水口处投加以增加吸附时间；对于取水口距净水厂距离较近的情况，可以在净水厂内与混凝剂共同投加，并适当加大粉末活性炭的投加量；粉末活性炭的投加量一般不宜超过40mg/L。

7.3.8 采用化学沉淀技术时，根据污染物的具体种类，应按下列条件选择：碱性化学沉淀法可以去除大部分金属和非金属离子污染物（不含钼、铊、锑、硼等）；弱酸性铁盐沉淀法可以去除锑、钼等污染物；预氧化化学沉淀法可以去除铊、锰、砷等污染物；预还原化学沉淀法可以去除六价铬污染物；硫化物化学沉淀法可以去除汞、镉、银、铜、铅、锌等金属。（案例41）

7.3.9 化学氧化技术可用于去除氰化物、硫化物、亚硝酸盐、硫醇硫醚等还原性污染物。氧化剂可采用氯（液氯或次氯酸钠）、高锰酸钾、过氧化氢等。设有臭氧发生器的水厂还可以考虑采用臭氧氧化法。有二氧化氯发生器的水厂也可以考虑采用二氧化氯氧化法。

7.3.10 曝气吹脱技术可用于去除难于吸附或氧化去除的卤代烃类等挥发性污染物。曝气吹脱技术可通过在取水口至水厂的取水、输水管（渠道）或调蓄设施设置应急曝气装置实施。曝气装置宜由鼓风机、输气管道和布气装置组成。

7.3.11 存在微生物污染风险的水源，可采用多点消毒法，增加前置消毒和加强主消毒处理，通过增加消毒剂的投加量和保持较长的消毒接触时间确保消毒效果，但应注意控制消毒副产物含量。氯胺消毒效果较弱，应急强化消毒不宜采用。

7.3.12 应对藻类暴发，选择组合使用下列处理技术：除藻可采用预氧化（高锰酸钾、臭氧、氯、二氧化氯等）、强化混凝、气浮、过滤等；去除藻毒素可采用预氯化、二氧化氯预氧化、粉末活性炭吸附等；去除藻类代谢产物类致嗅物质可采用臭氧氧化、粉末活性炭吸附；去除藻类腐败致嗅物质宜采用预氧化；同时存在多种特征污染物时，应综合采用上述技术。（案例42）

7.4 供水应急救援

7.4.1 为应对自然灾害（地震、洪水、台风等）及水质突发污染发生时对居民的生存用水供给问题，应进行国家和地方供水应急救援能力建设。根据需要配置移动净水、移动检测及应急保障等装备，并建立应急救援保障预案及救援队伍，以实现突发情况下供水应急保障快速响应。

7.4.2 供水应急救援装备管理应遵循统一调度、分级建设、属地运维、应急为主、兼顾日常的原则。国家和地方供水主管部门负责应急救援调度，供水部门负责设备设施的运行管理及日常维护，保证应急装备的正常运行。

7.4.3 移动净水装置主要用于应急状态下的生活饮用水供水保障。装置应具备完善的净水工艺，具有较强的原水水质适应性，出水水质达到现行国家标准《生活饮用水卫生标准》GB 5749 要求，供水量满足应急期间人均饮水量为 2～5L/d 需求。

7.4.4 移动检测装置主要用于快速评估应急时水质基本情况、判断并跟踪突发污染物种类及浓度变化等。移动检测装置应根据国家或地方供水应急救援需要，配备相应的水质便携式检测设备或快速检测仪器，检测指标应重点关注水质常规指标、有机物和重金属等。

7.4.5 应急保障装置主要用于现场指挥协调及救援现场应急物资储备。装置应配备通信器材、动力设备、照明及物资材料、水样采集设备及救援人员所必需的生活物资等。

7.4.6 供水应急救援服务范围应合理规划，应急装备出发并行驶到达救援现场的时间宜在 12h 以内。对于偏远地区，响应时间宜控制在 24h 以内。

7.4.7 供水部门应建立应急保障预案并定期开展应急演练，各专业应急演练每年不少于 1 次，演练应针对各种自然灾害、水污染事故等突发事件以及不同季节、不同水源状况下的应急监测和供水保障等，并应适时组织跨区域应急供水救援演练。

7.4.8 供水管理部门依托大型供水企业，按照"平战结合"的工作机制，加强应急供水救援队伍能力建设和专业人员培训，做好应急装备的日常管理、维护保养和应急救援等工作。（案例 43）

8 供水安全监管

8.1 一般规定

8.1.1 供水安全监管是指行业主管部门为规范和加强供水企业的安全技术管理、提高行业的标准化和规范化水平、保障城镇供水安全而实施的监督检查和控制措施，包括城市供水水质督察、供水安全监管平台等关键环节和主要手段。

8.2 供水安全监管职责

8.2.1 国务院城市建设行政主管部门主管全国城市供水工作。省、自治区人民政府城市建设行政主管部门主管本行政区域内的城市供水工作。县级以上城市人民政府确定的城市供水行政主管部门主管本行政区域内的城市供水工作。

8.2.2 供水主管部门按照其管理职责，采取资料审核、现场检查等措施，对本行政区域内的供水设施建设进行监督检查。

8.2.3 供水主管部门按照国家和地方规定的城镇供水服务标准和规范，对供水单位生产运行进行监督检查。

8.2.4 城市供水水质监测体系由国家和地方两级城市供水水质监测网络组成。国家城市供水水质监测网，由住房和城乡建设部城市供水水质监测中心和直辖市、省会城市及计划单列市等经过国家质量技术监督部门资质认定的城市供水水质监测站（以下简称国家站）组成。地方城市供水水质监测网，由设在直辖市、省会城市、计划单列市等的国家站和其他城市经过省级以上质量技术监督部门资质认定的城市供水水质监测站组成。

8.2.5 供水主管部门按照国家和地方规定的城镇供水水质监测制度和规范，委托城市供水水质监测网监测站或者其他经质量技术监督部门资质认定的水质检测机构对供水单位供水水质进行监测；卫生主管部门按照饮用水卫生标准定期对城镇供水水质进行监测，开展卫生监督工作。

8.2.6 供水主管部门按照国家和地方规定的供水水压标准规范，结合本行政区域内地形地貌和供水特征，确定城镇供水服务水平并开展监测。

8.2.7 供水主管部门按照国家和地方规定的城镇供水水质、水压公示制度，定期向社会公布监测结果。

8.2.8 供水主管部门按照国家和地方规定的城镇供水监督管理考核制度，组织实施本行政区域内的供水监督管理考核工作，并配合参与上级主管部门组织的监督管理考核工作。

8.3 城市供水水质督察

8.3.1 城市供水水质督察是城市供水主管部门加强供水水质监管的重要手段，是由城市供水主管部门组织开展的对供水水质及相关情况的监督检查工作。通过水质督察的实施能够及时掌握供水水质状况，依据水质督察结果及相关信息对水质安全情况做出总体评价，提出供水水质安全保障改进意见，促进城市供水水质全面提升。

8.3.2 水质督察的范围为城市供水（包括公共供水和自建设施供水）。全国城市供水水质督察，一般每3年为一个周期，滚动覆盖所有城市和县城，重点查明普遍的和突出的水质安全问题。县级以上地方城市供水水质督察，按照当地城市供水主管部门的要求每年至少组织1次。

8.3.3 供水主管部门组织制定水质督察实施方案，主要明确工作目标、总体计划安排、年度工作任务、采样点和检测指标要求、督察技术报告编制或数据信息报送要求、组织实施方式以及保障措施等内容。

8.3.4 水质督察采样点的选择应当反映供水系统的水质变化规律，采样点布设考虑水源、水厂、主干管、分支管、管网末梢、二次供水设施、用户的水质关联性。

8.3.5 水质检测指标的确定，应兼顾对水质达标情况检查和对重点水质问题抽查的不同需要，并综合考虑当地水源水质、净水工艺、供水管网、运行管理、突发水质事件等水质影响因素。

8.3.6 水源水检测指标主要从现行行业标准《生活饮用水水源水质标准》CJ 3020、现行国家标准《地表水环境质量标准》GB 3838等水源水质相关标准中选取；出厂水检测指标主要从现行国家标准《生活饮用水卫生标准》GB 5749中选取；二次供水检测指标主要依据现行国家标准《二次供水设施卫生规范》GB 17051确定。

8.3.7 承担水质督察检测任务的检测单位由供水主管部门确定，应经国家或省级相关资质认定。检测单位应根据水质督察要点制定技术细则、样品采集计划、运输计划和样品检测计划并严格按照相关标准规范开展检测工作。

8.3.8 水源水水质评价，依据现行行业标准《生活饮用水水源水质标准》CJ 3020等水源水质相关标准；出厂水、管网水和二次供水水质评价，依据现行国家标准《生活饮用水卫生标准》GB 5749。

8.3.9 对各单项水质指标达标率进行评价，以便掌握水质达标中存在的主要问题。对水质督察检测结果进行的综合评价，包括按水源水、出厂水、管网水、二次供水4种类型统计样品达标率以及综合出厂水样品达标情况和按各水厂供水量计算出厂水水质达标率等。

8.3.10 根据评价结果编制水质督察技术报告，主要包括概述（督察的组织方式与工作分工、检查范围与内容、质量控制措施、评价方法等）、总体情况、供水水质情况及分析、存在的主要问题、结论及建议等内容。

8.3.11 针对水质督察结果，城市供水主管部门将采取现场复核、通报约谈、整改效果复查等方式进行跟踪核查，并作为下一轮开展水质督察的重要依据。

8.4 供水安全监管平台

8.4.1 结合智慧城市建设、"互联网＋政务服务"等工作,深入分析城镇供水监管需求,按照功能完善、结构稳定、信息共享、运行高效、总体安全的要求,积极推进城镇供水系统监管平台建设,平台具备基于不同用户权限的实时监控、监测预警、应急供水、水质督察、供水规范化评估、决策支持等功能,满足我国城镇供水系统全方位、多层次监管的业务需求。

8.4.2 城镇供水系统监管平台在数据采集与传输、数据库建设、数据质量控制、结构设计等方面应符合现行行业标准《城镇供水管理信息系统 供水水质指标分类与编码》CJ/T 474、《城镇供水管理信息系统 基础信息分类与编码规则》CJ/T 541、团体标准《城镇供水系统基础信息数据库建设规范》T/YH 7004、《城镇供水水质数据采集网络工程设计要求》T/YH 7005、《城市供水信息系统基础信息加工处理技术指南》T/CECS 20002、《城市供水系统监管平台结构设计及运行维护技术指南》T/CECS 20003 等标准和指南的相关要求,提高平台建设标准化、规范化水平。

8.4.3 城镇供水系统监管平台应通过自动采集、人工录入和外部接入等方式,整合供水企业管理系统及其他相关业务系统的供水相关信息,形成动态更新的供水信息数据库,并参考团体标准《城市供水监管中大数据应用技术指南》T/CECS 20004、《城市供水系统效能评估技术指南》T/CECS 20001 等,通过数学模型进一步挖掘供水数据在风险识别、综合调控、公共服务等方面的作用。

8.4.4 城镇供水系统监管平台管理单位应按照现行国家标准《信息安全技术 网络安全等级保护基本要求》GB/T 22239、团体标准《城镇供水信息系统安全规范》T/YH 7003 的相关要求,确定平台的安全保护等级,组织实施安全保护,防范计算机病毒和网络攻击、网络侵入等行为。

8.4.5 城镇供水主管部门应建立城镇供水系统监管平台运行管理制度，完善平台运行机制，强化工作责任，落实配套措施，推动平台实现业务化、长效化运行；负责平台具体运维的机构（或部门）应制定权限管理、数据更新、数据备份、软件升级与维护的实施细则，确保平台稳定、安全运行。（案例44）

9 供水系统管理

9.1 一般规定

9.1.1 供水企业应开展全过程水质风险识别、评估和控制，保障供水水质安全；应实施精细化管理，并通过绩效评估不断完善企业运行管理机制，持续提升管理绩效，全面推动供水系统提质增效。

9.2 水质风险管控

（1）原则要求

9.2.1 水质风险管控是指在供水系统运行过程中，对各环节的影响因素进行风险识别与评估，并提出相应控制措施，从而提升饮用水"从源头到龙头"的水质安全管理水平。

9.2.2 水质风险管控对象为供水系统的全过程，包括原水、水质净化处理、输配过程及二次供水所包含的各工艺步骤。风险管控实施主要包括风险识别、风险评估与风险控制三个步骤，见图1。

9.2.3 水质风险管控工作团队应由供水单位管理层、技术层和操作层的相关人员组成，必要时可请当地供水主管部门和行业专家参与。

9.2.4 水质风险管控应在现有质量管理体系基础上开展，并做好记录和档案管理，确保其有效性和可追溯性。

9.2.5 水质风险管控前应先建立、实施管理方案，包括人力资源保障、良好生产规范、卫生标准操作程序、涉水材料安全卫生保障制度、设备设施维修保养计划、监测预警管理规定和应急预案等。

（2）水质风险识别

9.2.6 应提前准备全过程供水系统涉及的所有技术文档，含药剂成分、设备参数、供水工艺流程图等详细信息，必要时可为每个独立系统绘制更具体的流程图。

9.2.7 考察供水系统的全过程，通过对生产运行、生产设备、生产服务、供水链前后联系等信息的梳理、归纳和分析，识别各工艺步骤可能出现的水质风险，并确定各工艺流程可能的风险清单。

(3) 水质风险评估

9.2.8 供水单位应定期（1～3 年）开展水质风险评估，并在发生重大变化时（水源水质发生较大变化、净水工艺改变、出厂水质波动、供水管网调整等），及时进行再次评估。

9.2.9 水质风险评估应综合考虑水质风险发生的可能性和后果的严重性，可能性表示风险发生的概率，严重性表示风险导致的水质影响程度。将可能性及严重性分成若干等级，并给予赋值，见表 6。

9.2.10 采用风险矩阵对水质风险评估结果进行量化赋值、分级。其中，赋值结果为风险值，是综合反映风险事件严重程度和可能性的数值；分级结果为风险等级，应明确不同风险等级需采用的关注程度，见表 7。

(4) 水质风险控制

9.2.11 根据评估出来的水质风险，不论风险等级高低，均应建立对应的控制措施，并将风险等级高/很高所在工艺步骤确定为关键控制点。明确关键控制点关键限值，并制定监测措施与控制措施，以确保所有水质风险事件能得到有效控制。

9.2.12 针对建立的控制措施等内容，建立风险管控计划，实施控制所有水质风险，系统监测高/很高等级的水质风险，当监测结果偏离关键限值时，立即采取控制措施。当监测结果反复偏离关键限值时，重新评估控制措施的有效性和适宜性，必要时予以改进。（案例 45）

9.3 供水企业绩效管理

(1) 原则要求

9.3.1 供水企业绩效管理是指对供水企业运营管理各环节进行绩效信息采集与评估，并提出相应改进措施，通过规范、高效的管理，全面提高企业效率和效益，为实现"从源头到龙头"的水质安全提供资源、组织和制度等方面的保障。

9.3.2 供水企业绩效评估包括行业评估和第三方评估等方式。行业协会组织绩效评估专家团队，引导和支持各地开展绩效评估工作。城市供水企业也可选择有经验的第三方评估机构开展绩效评估，持续提升自身管理水平。

9.3.3 绩效评估对象为供水企业运营管理的全过程，包括服务管理、运行管理、资源管理、资产管理、财务经济管理和人力资源管理各环节。

(2) 绩效评估实施

9.3.4 绩效评估包括数据采集与初评、现场审核与沟通、报告编制与反馈三个阶段，见图2。

9.3.5 专家团队在构建指标体系时，定量指标选择应遵循可靠性、充分性、可获取性和最小化等原则，定性指标则应参照规范化管理水平较高水司的运营管理实践确定。

9.3.6 供水企业应组建工作团队，配合专家团队开展绩效评估工作。工作团队宜由供水企业管理层、各业务部门和数据统计部门组成。

9.3.7 供水企业应提前完成绩效评估信息准备，包括企业基础信息、水量、水质、水压、电耗、药耗、管网、财务、人事和客户服务等数据，以及各类相关的企业内部管理制度、规程和办法等证明材料。

9.3.8 现场审核时须查阅填报数据和资料的原始文件，核实相关证明材料，考察相关供水设施，并对数据质量进行评定。

9.3.9 专家团队综合考虑评估目标和企业状况，结合层次分析法和专家咨询法，设定不同类别和各类别内绩效指标权重并量化评分。

9.3.10 专家团队编制完成绩效评估报告，与供水企业就评估结果进行充分沟通，并提出改进措施和建议。

(3) 评估结果应用

9.3.11 供水企业应在评估结果基础上，研究制定具体的绩效提升计划并组织逐步实施，形成闭环式绩效管控，提升企业管理水平。

9.3.12 行业协会可基于多个供水企业的绩效评估结果，编制全行业绩效评估报告，总结共性需求和问题，推动行业进步。（案例 46）

10 城乡统筹区域供水

10.1 一般规定

10.1.1 城乡统筹区域供水应因地制宜，选择合理的供水模式，结合当地城乡发展规划，以城市供水系统为依托，辐射周边农村与乡镇，合理布局水源、水厂和供水管网。

10.1.2 农村集中式供水方式包括：城乡统筹区域供水、联村/单村供水。具体供水方式根据当地情况选择，有条件的地方应优先考虑城乡统筹区域供水。

10.1.3 农村供水水源应优先选择符合水源水质标准的地下水和地表水，条件受限采用其他类型的水源（如雨水、苦咸水、海水等）时，必须经过处理后达到用水水质要求。

10.1.4 农村供水应选择实用性强、运行维护方便、自动化程度高、便于实行远程或集中管理的技术，鼓励采用装备化的小型供水设施。

10.1.5 农村供水工程要根据投资渠道、工程规模等确定管理责任，明晰产权，建立健全管理机构，完善生产运行管理机制，鼓励实行专业化管理。

10.2 城乡统筹区域供水

10.2.1 城乡统筹区域供水可根据服务面积、地理条件、水源分布、服务区域人口密度及分布情况、经济发展水平等因素，选择适宜的集中供水模式。

10.2.2 通往村镇的主干管网，宜采用环状与枝状相结合的形式；村镇内部管网应合理利用原有供水管道。

10.2.3 根据需要设置必要的中途加压泵站和调蓄设施，可利用原有村镇水厂设施进行改造。

10.2.4 通往村镇的供水管道应合理设置压力和水质监测点，以备发生事故时能快速响应，并进行压力调控，降低管网漏损率。

10.2.5 可利用加压泵站补氯，解决管网末梢余氯不足问题。对于末端水质色度、浊度超标问题，可采取管网冲洗、定期排放等处理方式。（案例47）

10.3 农村供水适用技术

10.3.1 农村供水的净水方式优先选择少用或不用药剂的处理方法（如膜过滤、紫外线消毒等），对于浊度较低的地表水，南方地区可选用慢滤方法。

10.3.2 农村供水采用膜过滤法处理时，应尽可能选用通量较低的膜材料设备，以减少运行维护频次、降低能耗、节约运行成本。

10.3.3 规模较大的集中供水工程，宜优先选择次氯酸钠或二氧化氯消毒。规模较小的单村供水工程可采用紫外线消毒，并需定期投加化学消毒剂对管网进行消毒。（案例48、案例49、案例50）

附件 1 图表

规划因子调控矩阵模型　　　　　　　　　　表 1

要素类型	系统解析	高危要素	规划层次		设计	运营管理
			空间规划	专项规划		
技术	水源	水文	○	●	●	
		水质	●	●	●	●
		水量	●	●	●	●
		突发污染	○	●	●	●
	取水	选址	○	○	●	
		防洪		○	●	●
		水锤			○	●
		设备故障			○	●
	净水	选址	○	●	○	
		工艺		●	●	●
		漏氯			○	●
		设备故障			○	●
	输配水	布局	●	●	○	
		管材		○	●	●
		二次污染		●	●	●
		爆管			○	●
		应急	○	●	●	●
		设备故障			○	●

要素类型	系统解析	高危要素	规划层次		设计	运营管理
			空间规划	专项规划		
非技术	自然	干旱	○	●	●	●
		洪涝	○	●	●	●
		地质灾害	○	●	●	●
		咸潮	○	●	●	●
		富营养化	○	●	●	●
		冰凌	○	●	●	●
		台风	○	○	○	○
	社会政治	局部战争	●	○		
		恐怖活动	●	○		
		群体事件	●	○		
	管理	渎职				●
		漏洞				●

注：●表示关联度高，应在本层面实施；○表示关联度较高，可在本层面实施；
空白表示基本无关联，不宜在本层面实施。

城市供水系统应急能力评估指标体系　　表2

评价因素	高危要素	应急能力评估指标
水源	干旱、咸潮、洪涝、水致传染病、突发性水质污染、地质灾害	水源组成和类型
		水源备用率
		应急备用水源备用天数
		水源地地质条件
		水源地植被覆盖率
取水	洪涝、地质条件、电力供应系统及控制系统中断	取水保证率
		取水日常调度和应急保障方案
		防洪设防标准
		电力供应系统设施及备用情况

评价因素	高危要素	应急能力评估指标
水厂	原水水质水量变化、电力供应系统及控制系统中断	水厂选址地质条件
		水厂选址防洪标准
		水处理应急处理工艺方案
		电力供应系统设施及备用情况
输配水	极端天气、电力供应系统及控制系统中断	输水管事故时输水能力
		输水走廊地质灾害易发性
		配水管网环网连通度
		电力供应系统设施及备用情况
		输配水管管材
全流程影响	干旱、洪涝、地质灾害、台风、爆炸袭击等	风险监测预警能力
		应急指挥中心
		应急响应时间（min）

城市供水系统应急能力状态水平评价　　　表3

评价标准	应急能力指数	状态水平
高	(8，10]	水源结构合理，应急水量充足，水源水质优良稳定，水源地生态环境优良，水厂工艺稳定，供水管网环网结构合理，具备风险监测预警能力及应急处理管理体系
较高	(6，8]	水源结构较合理，应急水量满足需求，水源水质较好，水源地生态环境良好，水厂工艺良好且运行稳定，供水管网环网结构较合理，基本具备风险监测预警能力及应急处理管理体系
一般	(4，6]	水源结构相对单一，应急水量供给维持在临界点，存在水源水质污染现象，水源地生态环境一般，水厂工艺陈旧，但运行较为稳定，供水管网环网结构不完整，风险应急处理管理体系一般
差	(0，4]	应急水量短缺，水质污染严重，水环境功能退化严重，水厂设施陈旧，供水管网框架不合理，风险应急处理管理体系基本未建立

目标层	一级指标	二级指标
技术性	水力性能	节点压力平均值（m）
		节点压力合格率（%）
		节点压力均衡性（m）
		管段经济流速（m/s）
	水质性能	管网水质合格率（%）
		节点水龄合格率（%）
	供水效率	管网漏损率（%）
		用水普及率（%）
经济性	基建费用	吨水基建费用（元/t）
	运行费用	吨水电耗（kWh/t）
安全性	供给安全	枯水年水量保证率（%）
		水源水质类别
		备用水源比例（%）
		调蓄水量比率（%）
	管网保障	管网爆管概率（%）
		事故时节点流量保证率（%）
	综合管理	应急调度预案
可持续性	环保低碳	全生命周期能耗（kWh/m³）
		吨水温室气体排放（kgCO₂/t）
	资源利用	再生水利用率（%）
		供水漏损率（%）
	系统生态	万元工业增加值用水量（m³/万元）
		地表水开发利用率（%）

管网漏损控制方案建议　　表 5

漏损率	漏损控制措施优先级排序
10%以下	分区管理、压力调控、漏损评估与控制方案优化、漏失检测与监测、计量损失与其他损失控制、管网更新

漏损率	漏损控制措施优先级排序
10%～20%	分区管理、压力调控、漏失检测与监测、漏损评估与控制方案优化、计量损失与其他损失控制、管网更新
20%～30%	漏失检测与监测、压力调控、计量损失与其他损失控制、分区管理、漏损评估与控制方案优化、管网更新
30%以上	漏失检测与监测、计量损失与其他损失控制、压力调控、管网更新、分区管理、漏损评估与控制方案优化

水质风险可能性、严重性赋值说明举例　　表6

可能性/严重性等级	可能性/严重性赋值	可能性等级说明	严重性等级说明
高	5	几乎能肯定，如每日一次	灾难性的，对大量人群有潜在的致命危险
较高	4	很可能，较多情况下发生，如每周一次	很严重，对少量人群有潜在的致命危险
中	3	中等可能，某些情况下发生，如每月一次	中等严重，对大量人群有潜在危害
较低	2	不大可能，极少情况下才发生，如每年一次	略微严重，对少量人群有潜在危害
低	1	罕见，一般情况下不会发生，如每五年一次	不严重，无影响或未检出

水质风险分级计分矩阵示例参考　　表7

可能性	严重性				
	不严重	略微严重	中等严重	很严重	灾难性的
几乎能肯定	5	10	15	20	25
很可能	4	8	12	16	20
中等可能	3	6	9	12	15
不大可能	2	4	6	8	10
罕见	1	2	3	4	5

风险分级

风险评分	风险等级	关注程度
<6	低	低关注,可以发生后再采取措施
6~9	中	关注,应采取一些合理的步骤来阻止发生或尽可能降低其发生后造成的影响
10~15	高	较高关注,必须控制的风险,应安排合理的费用阻止其发生
>15	很高	高关注,必须尽快控制的风险,要不惜成本阻止其发生

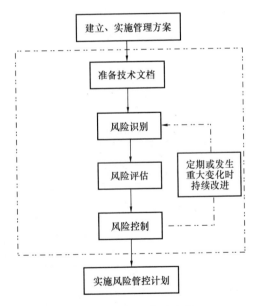

图1 风险管控实施步骤

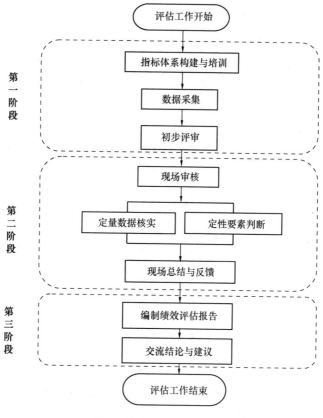

图 2　绩效评估工作流程图

附件 2　案例

案例 1　哈尔滨市水源优化配置

(1) **案例名称：** 哈尔滨供水工程专项规划（2010—2020 年）。

(2) **背景特征：** 2005 年松花江发生硝基苯污染事件后，哈尔滨建设了磨盘山引水工程及配套水厂，形成了以磨盘山水厂为主的城市供水系统，松花江水源一度被弃用。为进一步优化配置和高效利用区域水资源，优化供水设施系统布局，提高供水安全保障水平，哈尔滨市开始了该轮供水工程专项规划的编制工作。

(3) **用水需求量预测：** 采用人均综合用水指标法、分类用水预测法和年均增长率法三种不同方法进行预测，确定不同规划期城市用水需求量（表 1-1）。

不同规划期城市用水需求量　　　　表 1-1

预测方法	需水量（万 m³/d）	
	近期（2015 年）	远期（2020 年）
人均综合用水指标法	165.0	198.0
分类用水预测法	—	210.0
年均增长率法	167.0	194.0
规划选取	165.0	200.0

经综合比较，规划预测 2015 年哈尔滨市城市（含主城区、呼兰区、阿城区）最高日用水需求总量约为 165.0 万 m³/d，2020 年约为 200.0 万 m³/d。

(4) 供需平衡分析： 磨盘山水库扣除供给五常市和双城市约 0.36 亿 m³/年的水量后，可供给哈尔滨市主城区的水资源量为：2015 年约 2.92 亿 m³，2020 年约 3.00 亿 m³。从供需平衡表（表 1-2）可以看出，单靠磨盘山水库水、本地地下水以及再生水等不足以支撑哈尔滨市发展的用水需求。

供需平衡表（亿 m³/年）　　　表 1-2

规划区	总需水量	可供水资源量			供需平衡
		水库水源	地下水源	再生水源	
主城区	4.96	3.00	0.36	0.38	−1.22
呼兰区	0.62	—	0.44	0.07	−0.11
阿城区	0.39	—	0.25	0.05	−0.09
合计	5.97	3.00	1.05	0.50	−1.42

注：1. "水库水源"：指磨盘山水库水源，不含西泉眼水库水源；
　　2. "供需平衡"："＋"表示水资源盈余，"−"表示水资源不足。

(5) 优化配置： 基于上述供需平衡分析，规划提出哈尔滨市中远期发展要以磨盘山水库和松花江为双主水源。针对不同区域的水资源禀赋条件，提出各区域的城市供水水源利用优先顺序，其中：

江南主城区：磨盘山水库、松花江、再生水；

松北区：地下水、磨盘山水库、松花江、再生水；

呼兰区：地下水、松花江、再生水；

阿城区：西泉眼水库、地下水、再生水。

2020 年规划区城市供水水源优化配置方案见表 1-3。

2020 年规划区城市供水水源优化配置方案（亿 m³）　表 1-3

规划区	总需水量	水源优化配置方案		
		地表水源	地下水源	再生水源
主城区	4.96	磨盘山水库：3.00 松花江水源：1.18	0.40	0.38
呼兰区	0.62	松花江水源：0.27	0.28	0.07
阿城区	0.39	西泉眼水库：0.19	0.15	0.05

(6) 实施效果：截至 2018 年，哈尔滨城市供水除磨盘山水厂 90 万 m^3/d 的能力外，保留了哈西净水厂（96 系统）和新一工业水厂分别 20 万 m^3/d 和 $13.3m^3/d$ 的净水能力（均以松花江水为水源），并提出对哈西净水厂的 93 系统进行升级改造，哈西净水厂的总供水能力达到 45 万 m^3/d。

江南城区将形成以平房净水厂为主、哈西净水厂为辅的双水厂供水格局，工业用水仍旧由新一工业水厂供给，从而大大提高了主城区的供水安全保障水平。

江北地区将形成以哈尔滨新区净水厂、利民净水厂为主，前进水厂、利民一水厂和利民二水厂为辅的多水厂供水格局。规划新建利民净水厂，水源为松花江，自水源一厂经新区净水厂接入利民净水厂。规划连通松北和利民的管网，实现联网供水，增强供水调度能力，提高城市供水安全。

(7) 注意事项：科学分析城市供水水源可供水量，合理预测城市用水需求，按照不同水源类型和不同片区需求进行供需平衡分析；水源优化配置既要按照水源类型和空间位置进行配置，也要兼顾城市各片区的水源类型和需求，通过原水互通、清水互联或多水源供给等保障供水安全。

案例 2　济南市分区分压供水模式

(1) 案例名称：济南市城市供水"十二五"及 2020 年专项规划。

(2) 背景特征：济南作为闻名世界的"泉城"，保证泉水的正常涌出涉及地下水资源的保护，迫切需要解决如何协调"保泉"与"地下水资源合理利用"的问题；济南地形南高北低，新一轮城市总体规划确定的用地呈东西狭长形，新规划的实施需要合理配置城市水资源，优化布置城市供水设施布局，从而促进城市可持续发展；同时基于水源—水厂—管网的供水全流程优化，提高城市供水系统的应急能力和安全保障水平，并为城市供水的科学管理提供依据。

(3) 分区分压供水方案：济南市规划用地为组团结构，各片区组团位置相对独立，各片区水源也相对独立，同时各片区地势有一定差异，规划采用分区分压供水方案，其中老城区因管网复杂，统一为一个分区。

(4) 实施效果：实现供水管网系统的分区管理，便于对片区内的水量及水压进行合理控制，在满足供水的前提下有效降低整体能耗，同时减少漏损；提高供水系统运行质量。分区后的管网水平均水龄小于分区前，而水龄是影响供水水质的重要因素；分区后还可通过增设中途加氯等方式，改善片区内的管网水质；提高供水企业管理效率。如实施无收益水量的控制策略、供水服务区内的压力及水质的控制等。

(5) 注意事项：主干管连接各供水厂，将供水主干管连接成全市的供水主干环网系统；片区内部形成完善的干管与支管的环网系统；片区之间通过主干管网互相连通，实现资源调配、供给互补、应急保障等功能；供水系统各片区既相对独立，又保持联系，保证了供水的可靠性和灵活性。

案例3 多水源水质水量联合调度技术应用

(1) 工程名称与规模: 上海市多水源调配及可视化平台,总可调配水量 700 万 m³/d。

(2) 问题与需求: 上海市水源系统包括黄浦江上游原水系统、陈行水库原水系统和青草沙水库原水系统。三大系统在供水支线上存在一定的互联性,为多水源间的互补调配提供了基础。但是各个水源基本以单水源调度为主,在遇到水源突发性水污染事故、长江口水源冬季咸潮入侵、夏季水源水库藻类大量生长等水质风险以及主干输水管渠爆管、枢纽泵站运行故障等水量风险时,原水系统供水安全保障能力不足,需加强多水源联合调度与决策,实现科学调度。

(3) 技术流程(框架): 见图 3-1。

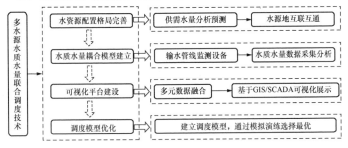

图 3-1 多水源水质水量联合调度技术流程图

(4) 技术内容: 构建了上海市多水源水质水量联合调度系统,系统涵盖黄浦江上游水源、青草沙水库、陈行水库三大原水系统,具备供水水源及其原水系统的水质和泵站、输水管线、监测仪表、调度通信等设施设备的数据监测、采集、预警、监控管理、数据传输共享、模拟演练、调试及应急指挥等功能。构建了上海城市原水系统水力模型,应用水力模型评价原水系统现状实际输水能力和输水效能,根据可能的水质水量风险,制定了多水源系统的运行和调配方案,编制了多水源系统调度软件,建立了多水源调度可视化平台,通过可视化平台对原水系统正常情况的不同工况和黄浦江上游水源、青草沙水库、陈行水库其中一个水源发生事故时进行相互切换的非正常工况调度预案进行模拟演示呈现，以指导原水调配方案实施。

（5）技术效果：基于现状运行条件，三大原水系统应急状况下调配水量约 700 万 m^3/d，受益人口超过 1000 万人。实现了上海陆域三大原水系统由单水源调度模式向多水源调度模式的转变，初步实现了由经验调度向科学调度的转化，提升了上海市原水安全保障能力，对上海市供水安全保障具有重要意义。

（6）注意事项：构建调度系统时应考虑常规和应急条件不同工况的需求；调度系统需考虑的因素较多，所需配套软硬件设施和人员要求较高，可根据当地实际需求和发展水平来开发建设适合的系统；此外，应考虑最不利调度条件下原水输配水管道的承载能力，必要时应进行改扩建。

案例 4 饮用水水源人工湿地生态修复技术应用

(1) 工程名称与规模：嘉兴石臼漾水厂水源生态湿地治理工程，占地面积约 110hm²，日处理能力 25 万 m³。

(2) 问题与需求：我国南方平原河网地区水源水质污染状况普遍存在。嘉兴石臼漾水厂上游的新塍塘水源污染较为突出，呈现典型的氨氮、有机污染严重等特征，且无应急水源，需要对现有水源水质进行提升改善。

(3) 技术流程：新塍塘/北郊河水源（可在双水源间切换）→义庄河预处理河道→预处理塘区→北郊河以西湿地根孔生态净化区→穿北郊河顶管→顶管接收池→泵提升和曝气充氧区→北郊河以东湿地根孔生态净化区→北亭湖、南亭湖深度净化区→达标引水区→石臼漾水厂取水口。前塘-湿地-后塘多级净化系统示意图见图 4-1。

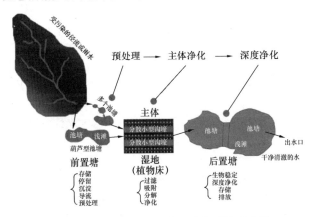

图 4-1 前塘-湿地-后塘多级净化系统示意图

(4) 技术内容：在石臼漾水厂进水口前建设由预处理塘区、湿地根孔生态净化区、泵提升和曝气充氧区、深度净化区、达标引水区 5 个功能区组成的"新塍塘生态型水质净化湿地系统"，对水源地进行大规模的生态修复，创建生态型水源地。所构建的人工湿地净化系统以物理化学吸附沉降、植物床-沟壕系统截留、生物吸收吸附降解、水陆交错带反应界面强化等功能为主，辅以跌水曝气、水力调控、冬季低温强化、沟壑捕藻、遮光控藻、生物相生相克等净化手段。在示范工程应用中，因地制宜地将各种技术手段进行合理串并联、优化组合、多梯次应用，从而最大限度地发挥水体的自我修复和可持续净化能力，长效提升原水水质。在土地珍贵的城市区域，所建湿地应兼顾发挥多重生态服务功能。

石臼漾湿地中前塘：湿地：后塘的比例约为 3：4：3。整体水力负荷为 $0.3\sim0.4m^3/(m^2 \cdot d)$，整体水力停留时间为 $3.4\sim4.1d$，应急缓冲时间为 $3\sim4d$。湿地采取表流与潜流相结合的复合流模式，以增强湿地对各类污染物的复合去除效应。前塘和后塘的总容量约为湿地处理规模的 $4\sim5$ 倍。

(5) 技术效果： 长年监测结果显示，石臼漾湿地 DO 提升 81.3%，浊度去除 34.6%，氨氮去除 42.6%，亚硝态氮去除 13.6%，COD_{Mn} 去除 4.8%，总铁去除 34.9%，总锰去除 13.3%，总氮去除 12.3%，总磷去除 20.6%。实现了湿地出水水质较水源水提高 1 个类别以上的目标（V 类到Ⅲ类），减轻了水厂的处理压力，降低了水源水中主要污染物特别是痕量有机污染物的风险水平，为石臼漾水厂 25 万 m^3/d 的安全供水提供了基础保障，同时湿地的 120 万 m^3 贮水量，在外来水质遭到严重污染或突发事故时，可以作为城市水厂的安全储备。此外，示范工程还发挥着生态环保教育、净化空气、改善区域环境、保护生物多样性、提升区域宜居舒适度等多重生态服务功能。

(6) 经济成本效益： 石臼漾湿地核心净化区单位面积造价约为 56.52 元$/m^2$，显著低于一般人工湿地建设投资费用 $150\sim300$ 元$/m^2$；单位日净化能力建设造价约为 250 元$/m^3$；湿地系统的运行维护包括间歇式低扬程提升水泵耗能、湿地植物的低运行维护成本和日常管理成本，折算成单位处理水量运行维护成本为 $0.03\sim0.04$ 元$/m^3$。实践证明水源生态湿地的效益主要体现在：首先自来水厂前端嫁接湿地预处理缓冲后，水厂水处理安全性大幅提升；其次水源经湿地处理后，水厂除浊、COD_{Mn} 等很容易达标且很稳定，水厂处理出水品质提升。

(7) 注意事项： 平均气温低于 15℃时氨氮去除效率偏低；另外，需加强运行管理，防止湿地系统堵塞、瘫痪。

案例 5   水动力学调控技术应用

(1) **工程名称**：青草沙避咸水库（有效库容 4.35 亿 m^3）水质保持运行调度。

(2) **问题与需求**：因避咸需求，水库蓄水时间较长（4—10 月）、水动力条件差，易发生水华现象，需在水库内实现藻类和嗅味控制。

(3) **技术流程**：水库运行模式从蓄淡避咸转为夏季藻类防控。包括三维流场模型建立、模型验证和运行调度方案确定。模拟由取水、供水闸引起的吞吐流和风应力产生的风生流。采用最短停留时间为原则的"能引则引、能排则排"运行调度手段，建立"上引下排"闸门联合调度运行模式。

(4) **技术内容**：具体运行调度方案包括两方面内容。一是闸泵运行方式：一般情况下，上游泵常闭，上游闸只引不排（局部出现藻类聚集适可排水），下游闸只排不引；上游闸每天引潮 1～2 次，下游闸每天排潮 2 次。二是水位优化控制：在 6 个月的蓄水期间，根据长江潮位，尽可能利用水闸蓄高水库水位，控制其在 2.6m 以上，充分利用库容；保障即使在高峰用水期，水库水位也不低于 2.0m，具备应对突发污染所需库容。

(5) **技术效果**：该方案有效缩短了水库内水力停留时间。对运行调度方案实施前后的叶绿素和藻密度进行监测，2014 年 6—9 月相比 2012 年同期叶绿素平均降低 65%、藻密度平均降低 60%，且有进一步降低的趋势。藻类的控制有效抑制了水库嗅味问题，保证了上海市饮用水的原水供应，减轻了后续处理负担。

(6) **注意事项**：适合水库前端库外水位高于库内的情况，利用水位差自然循环，否则能耗和成本较高。

案例 6　感潮河段水源抑咸技术应用

　　(1) 工程名称与规模：钱塘江河段水库泄水抑咸调度示范工程。杭州市钱塘江闸口至富阳 12km 水源地河段。

　　(2) 问题与需求：钱塘江河口是浙江省最大的河口，枯水大潮期取水口常受咸潮入侵影响，给杭州市的供水安全保障带来严峻挑战。

　　(3) 技术流程：基于盐度实时监测和数值预报，通过上游新安江水库与富春江水库联合调度抑制强潮作用下河口咸水入侵，在水库电站获得发电效益的同时最大限度地抑制咸潮入侵饮用水水源地，以显著提高杭州市的饮用水水源水质。

　　(4) 技术内容：依托"监测-预报-调度"三位一体的水库泄水抑咸优化调度关键技术，该技术包含三部分内容：一是咸水入侵实时监测技术，建立 8 个氯度实时自动观测站；二是水动力盐度数值预报及其可视化技术，开发出二维水动力盐度耦合数学模型软件，对涌潮强间断水流条件下盐度场进行有效模拟和预报；三是上游水库泄水调度方案，提出提前 2d 对"大潮、中潮和小潮分别以 1.2～1.3 倍、1 倍和 0.6 倍的半月平均径流量放水"的上游水库泄水抑咸调度原则，有效抑制钱塘江强潮河流饮用水水源地的咸潮入侵。

　　(5) 技术效果：投产运行后钱塘江饮用水水源地氯化物达标率达到 95% 以上，实现了水源地咸水入侵时段含盐量削减 30% 以上，满足杭州市的供水要求。同时通过"大潮多放，小潮少放"的非均匀泄水抑咸优化调度，可节约水资源量 20% 以上。

　　(6) 注意事项：适用于可利用水库泄水抑咸条件的地区。需结合水文和地形条件，合理布置一定数量的在线监测点，以满足盐度预测的需要。

案例7 预臭氧-生物预处理控制藻类与嗅味物质技术应用

(1) **工程名称与规模**：无锡市南泉水源厂预处理工程，设计规模为100万 m³/d。

(2) **问题与技术需求**：无锡市南泉水源厂以太湖为水源，原水水温：0~31℃；浊度：4~66NTU；嗅和味：1~2级；氨氮：0.09~0.41mg/L；COD_{Mn}：3.19~4.86mg/L；藻密度：695万~8000万个/L。太湖水源水具有高有机物、高藻和高嗅味物质等污染特征，需要强化预处理，以保证整个工艺流程的处理效果。

(3) **工艺流程**：技术核心为预臭氧化与后置生物预处理工艺联合处理技术。臭氧投加量一般不高于 1.0mg/L。技术先进性体现在预臭氧化将大分子有机物氧化成小分子，有利于后续生物预处理工艺的生物降解。具体工艺流程见图 7-1。

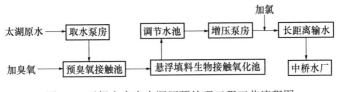

图 7-1 无锡市南泉水源厂预处理工程工艺流程图

(4) **技术参数**：臭氧发生器以氧气为气源，单机能力为 15kg/h；预臭氧浓度一般在 0.8~1.0mg/L，最低为 0.5mg/L，预臭氧接触池的设计停留时间为 5min，臭氧采用水射器＋扩散管投加方式。生物接触氧化池采用斜圆柱体填料，具有较高的比表面积（230m²/m³），水头损失小且不会形成堵塞；采用穿孔曝气的方式，在满足填料全池流化的同时，在气温最高时溶解氧亦可维持在 5.5mg/L 以上，使反应器处于好氧状态，满足硝化作用所需的溶解氧；气水比为 0.2∶1。

(5) **运行效果**：该技术应用于无锡市南泉水源厂的原水臭氧预氧化处理，能够有效控制藻类，去除藻毒素和嗅味化合物，UV_{254} 去除率可达82%~86%，亚硝酸盐去除率约为 66%，锰去除率为 60%~65%。预臭氧化工艺对锰、色度、嗅味、COD_{Mn}、UV_{254}的去除效果均明显优于预氯化工艺，但对氨氮的去除率仅为 8%～15%，比预氯化工艺低约 6%～14%。生物接触氧化处理对于原水中主要污染物 NH_4^+-N 的平均去除率为 71%左右，最高去除率可达到 90%以上；对于浊度和藻类亦有一定的去除效果，其去除率分别为 10%、20%左右。

(6) 注意事项：该工程是 2007 年太湖水污染危机后，为了更有效地提升应对太湖水源原水水质波动的控制能力，无锡市水务集团有限公司于 2010 年 12 月建成的应急处理工程，目前仍沿用臭氧预氧化和曝气的预处理方式，曝气起到了补充溶解氧和对部分挥发性有机物的吹脱作用。其他地方在进行生物预处理时，是否需要设置预臭氧处理，需根据当地情况酌情决定。

案例8 生物接触氧化池控制水中氨氮技术应用

(1) 工程名称与规模： 嘉兴市古横桥水厂三期工程，设计规模为 4.5 万 m^3/d。

(2) 问题与技术需求： 嘉兴市水源水质受氨氮和有机物污染严重，为Ⅳ～Ⅴ类，甚至劣Ⅴ类水体。古横桥水厂原水浊度主要在 15～50NTU；COD_{Mn} 为 6～12mg/L，氨氮为 1.5～6.0mg/L，锰含量为 0.2～0.5mg/L，铁含量为 0.6～2.0mg/L。原水中氨氮浓度高，水厂原有处理工艺很难保证出厂水氨氮稳定达标。

(3) 工艺流程： 悬浮填料生物接触预氧化＋活性炭强化斜管高效澄清＋均质滤料过滤＋两级臭氧活性炭＋氯消毒，见图 8-1。

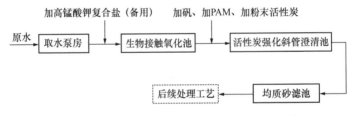

图 8-1 嘉兴市古横桥水厂三期工程工艺流程图

(4) 技术参数： 生物接触氧化池设计规模 4.5 万 m^3/d，停留时间按 1.5h，气水比按（0.8～2.5）：1 设计。鼓风机均采用变频调速装置，可根据原水有机物负荷变化调整曝气量。生物接触氧化池外包尺寸为 61.30m×16.90m，分为 2 组，每组又分 5 格接触区，每格尺寸为 10m×8m，另设导流渠 1m，保证水流在填料区为上向流。每格接触区进水口布置格栅，防止填料进入导流渠。生物接触氧化池有效水深 3.9m，超高 0.6m，底部检修空间高 1.0m，采用 15mm 间距的格栅分隔，检修空间内设粗孔曝气系统，各格接触区设曝气器 132 个，每个曝气器服务面积约 0.65m^2。生物接触氧化池总高为 4.8m。采用聚丙烯小球形填料，直径为 50mm，填料比表面积为 300～400m^2/m^3，设计填料填充率为 40%，每座池共放置悬浮填料约 650m^3。

（5）**运行效果**：经生物预处理，氨氮的年平均去除率为 61.92%，冬季低温下（12 月到次年 2 月）氨氮的去除率为 40.96%。

（6）**注意事项**：运行中应注意曝气强度降低或不均匀，填料流化不好、沉于池底。填料内部逐渐积泥并生长贝类，积泥严重时造成流化困难，大量填料沉于池底等问题。改变曝气方式，提高曝气强度，使池内的悬浮填料更趋均匀、流化状态更佳，可以有效应对上述问题。

案例9 曝气生物滤池控制氨氮技术应用

(1) 工程名称与规模：广州自来水新塘水厂生物预处理工程，规模为 63.5 万 m^3/d。

(2) 问题与技术需求：珠江下游地区水源水氨氮为 0.24～2.85mg/L，水温为 10.0～33.4℃，pH 为 6.50～6.16，COD_{Mn} 为 1.66～6.86mg/L。原水存在季节性高氨氮和有机污染问题，需要水处理工艺有效应对。

(3) 工艺流程：高速曝气生物滤池＋网格絮凝、斜管沉淀＋石英砂过滤＋氯消毒，见图 9-1。

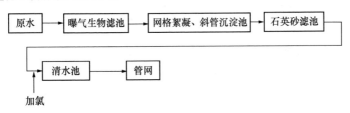

图 9-1 广州自来水新塘水厂生物预处理工程工艺流程图

(4) 技术参数：采用 20 格 11m×9m×6.3m 曝气生物滤池，滤速为 16m/h。填料为轻质填料，下层粒径 8～12mm，厚度为 1.2m，上层粒径 5～8mm，厚度为 2.5m，合计为 3.7m；生产运行期间，采用上、下冲洗结合的方式进行反冲洗，5d 为一个周期，其中连续 4d 上冲洗，1d 下冲洗；进水渠 20 目滤网能够有效拦截粒径大于 1.5mm 的颗粒物，下部配水配气区使原水中携带的细砂粒沉降至底部积砂槽，借助下冲洗系统予以排除；采用单孔膜曝气滤头在滤板下部曝气，保持了滤板底部以及单孔膜曝气滤头本身清洁状态。

(5) 运行效果：采用高速曝气生物滤池，HUBAF 在 14～16m/h 滤速下出水氨氮为 0～0.49mg/L，氨氮平均去除率为 83.3%；出厂水 COD_{Mn}≤2.00mg/L，COD_{Mn}平均去除率为 45%。

(6) 注意事项：原水中含有的悬浮垃圾、贝壳需定期清理。设计中可考虑在高速曝气生物滤池的配水总渠处增设自动清渣的细格栅机，用以预先拦截原水中含有的悬浮垃圾和贝壳。

案例 10 粉末活性炭吸附控制土霉味技术应用

（1）工程名称与规模：深圳长流陂水厂，处理规模 35 万 m^3/d。

（2）问题与技术需求：长流陂水库原水存在季节性土霉味问题，同时水厂常规处理工艺对嗅味基本无去除效果，既有水厂无预处理工艺。

（3）工艺流程：对既有水厂工艺进行了改造，建成了预处理（粉末活性炭）—配水井/机械混合池—隔板反应池/网格反应池—斜管沉淀池—砂滤池—加氯消毒—清水池，见图 10-1。

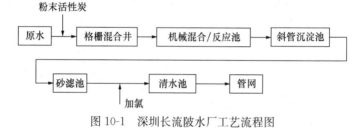

图 10-1 深圳长流陂水厂工艺流程图

（4）预处理工艺单元技术参数：一体化粉末活性炭投加系统，根据原水水质情况，同时考虑石灰和粉末活性炭的投加，以实现原水的 pH 稳定和粉末活性炭对嗅味物质的高效吸附去除。其中，粉末活性炭设计投加量为 $10\sim50mg/L$，配药浓度为 10%，在原水和总管设置投加点；石灰设计投加量为 $1.5\sim15mg/L$，配药浓度为 5%，在总管和分管设置投加点。

（5）运行效果：原水中 2-甲基异莰醇浓度为 $43\sim71ng/L$，土臭素浓度为 $5\sim16ng/L$，期间 PAC 投加量为 $15\sim20mg/L$，经上述工艺处理后可以保障出水水质达标，出厂水和管网水中 2-甲基异莰醇和土臭素浓度均小于 $5ng/L$。

（6）注意事项：对于以常规处理工艺为主的水厂，采用增加粉末活性炭吸附为核心的预处理工艺去除土霉味问题，但需要结合水源水质和水厂实际工艺情况，利用粉末活性炭吸附去除胞外的嗅味物质，并结合相关技术手段强化去除藻细胞，避免产嗅藻细胞穿透滤池，同时强化沉淀池及滤池尤其是反冲洗系统的运行，从整体上保障此类藻源嗅味问题的控制。另外，粉末活性炭的选择应以微孔孔容作为主要参考指标，综合考虑经济因素，选择微孔孔容较大的 PAC(建议选择微孔高于 $0.2cm^3/g$ 的粉末活性炭)。

案例 11 浮滤除藻技术应用

(1) 工程名称与规模： 胜利油田辛安水厂工艺改造及调试运行工程，处理规模 4.0 万 m^3/d。

(2) 问题与技术需求： 水源为辛安水库水，原水存在低温低浊、藻类含量高等问题，藻类含量在 $10^6 \sim 10^8$ 个/L，COD_{Mn} 超过 6mg/L。需要采取高效除藻工艺，有效降低原水中藻类的数量，保证后续处理工艺的正常运行和处理效果。

(3) 工艺流程： 水厂采用原水—微涡混合器—穿孔旋流反应池—气浮移动罩滤池—炭砂滤池（石英砂滤池）—消毒组合工艺（图 11-1），采用高锰酸钾复合药剂进行预氧化。

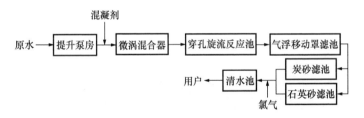

图 11-1 辛安水厂工艺流程图

(4) 技术参数： 混凝剂选用聚合铁铝，投加量为 30mg/L；高锰酸钾复合药剂作为预氧化药剂，投加量为 $1.0 \sim 1.2mg/L$；气浮区位于移动罩滤池前端，共两组工艺，单组气浮接触池净尺寸 10.9m×12.5m，回流比采用 10%，工作压力 $0.2 \sim 0.5MPa$，上升流速 23.4mm/s，停留时间 120s；移动罩滤池净尺寸 10.4m×14.05m，分为 60 格，两组共 120 格，单格净尺寸 1.6m×1.35m，滤速 6.93m/h；滤料为均质石英砂滤料，滤料层厚度为 600mm，有效粒径 $1.00 \sim 1.35mm$；反冲洗采用单水反冲洗，反冲洗强度按 15L/(s·m^2) 设计，反冲洗水泵流量 116.6m^3/h，扬程 $4.4 \sim 4.2m$，滤池反冲洗周期 $4 \sim 8h$。

(5) 运行效果：浮滤池工艺出水浊度＜2NTU，COD_{Mn} 去除率＞50％，藻类去除率＞90％。水厂最终出水水质满足《生活饮用水卫生标准》GB 5749 要求，其中浊度＜0.3NTU，COD_{Mn} 去除率＞80％，藻类去除率＞95％。

(6) 注意事项：移动罩滤池表面的浮渣要及时刮除，降低藻渣与气泡分离的可能；根据水质特点合理调整刮渣机的运行速度和刮渣机刮板的运行角度，尽量减少对浮渣的扰动；滤池要定时反冲洗。

案例 12　臭氧生物活性炭嗅味控制技术应用

(1) 工程名称与规模：苏州相城水厂，处理规模 30 万 m³/d。

(2) 问题与技术需求：苏州相城水厂原水来自金墅港水源地，属于典型湖泊水，中等富营养化，存在藻类偏高、异嗅等问题。COD$_{Mn}$ 为 2.8～5.8mg/L，氨氮浓度为 0.02～0.5mg/L。每年 5—10 月是藻类嗅味高发期，高发期藻类个数在 3000 万个/L 左右，嗅味等级为 2 级。

(3) 工艺流程：苏州相城水厂采用预臭氧接触池—混凝沉淀池—V型砂滤池—主臭氧接触池—活性炭池—消毒的工艺流程（图 12-1）。

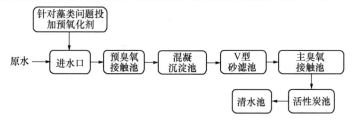

图 12-1　苏州相城水厂工艺流程图

(4) 技术参数：预臭氧设计投加量为 0.5～1.0mg/L，实际投加量为 0.5～0.7mg/L，接触时间 2min；主臭氧实际投加量为 0.5～0.7mg/L，接触时间 12min。活性炭池采用下向流普通快滤池池型，活性炭选用煤质柱状活性炭和煤质压块活性炭，规格为 8×30 目和 12×40 目，炭层厚度 2m。反冲洗使用活性炭池出水，采用先气冲后水冲的方式。

针对藻类嗅味问题，水厂采用的技术措施主要有：在水厂进水口投加预氧化剂，颤藻为主时投加次氯酸钠（0.4～1mg/L），微囊藻为主时投加高锰酸钾（0.6～1.2mg/L）；水厂内提高预臭氧投加量和主臭氧投加量；强化常规工艺处理等。

(5) 运行效果：出厂水 COD$_{Mn}$ 在 0.62～1.48mg/L，氨氮浓度小于 0.02mg/L，嗅味问题得到解决，水厂出水氨氮、有机物、藻类、嗅味物质均能稳定达标，有效保障了出水水质。

(6) 注意事项：藻类嗅味高发期间，应针对优势藻种类开展实验，确定合适的预氧化剂和投加量。

案例13 臭氧生物活性炭溴酸盐控制技术——投加硫酸铵

（1）工程名称与规模：吴江第二水厂，处理规模30万 m^3/d。

（2）问题与技术需求：吴江第二水厂以东太湖为水源，水质呈现富营养化趋势，存在溴酸盐控制等技术需求。原水溴化物浓度为0.1~0.2mg/L，COD_{Mn}为3.2~3.8mg/L，氨氮浓度为0.1~0.45mg/L，部分时段原水总氮超过1.0mg/L，达到Ⅳ类水体标准。

（3）工艺流程：水厂主体工艺采用预臭氧—折板絮凝及平流沉淀—砂滤—主臭氧及生物活性炭（图13-1），投资4.04亿元。硫酸铵投加系统设在主臭氧接触池进水管前。

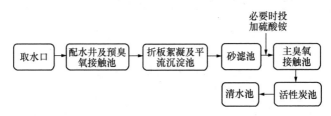

图13-1 吴江第二水厂工艺流程图

（4）技术参数：预臭氧设计投加量为0.5~1.0mg/L，接触时间为3min；主臭氧设计最大投加量为2.0mg/L，实际投加量为0.8~1.6mg/L，接触时间为12min。活性炭池采用下向流普通快滤池池型，活性炭选用煤质压块活性炭，规格8×30目，炭层厚度1.9m。反冲洗使用砂滤后未加氯水，采用气冲加水冲的方式。

水厂采用投加硫酸铵的方式控制溴酸盐。当滤后水中溴离子浓度较高时（150μg/L左右），在后臭氧前投加0.2~0.3mg/L左右的硫酸铵。硫酸铵投加系统最大加注量3mg/L（含有效氨10%）。

（5）运行效果：水厂在加铵运行期间，对出厂水进行跟踪监测，结果显示水质全部合格。出厂水溴酸盐浓度小于5μg/L，去除率为40%~60%；COD_{Mn}降到1.4~1.55mg/L，去除率为60%~65%；氨氮去除率为 99％，解决了东太湖水源微污染和溴酸盐超标问题，全面提升了吴江饮用水水质。

(6) 注意事项： 硫酸铵对溴酸盐具有较好的抑制效果，但当硫酸铵投加至一定浓度时，溴酸盐的抑制率不再增加，因此实际运行中应根据原水水质及时调整硫酸铵投加量。

案例 14　臭氧生物活性炭溴酸盐控制技术——过氧化氢高级氧化

（1）工程名称与规模：济南鹊华水厂，处理规模 20 万 m³/d。

（2）问题与技术需求：济南鹊华水厂原水为引黄水库水，存在季节性藻类、嗅味、有机物污染、水生微型动物问题。COD_{Mn} 平均为 1.85mg/L，氨氮为 1.0mg/L。调蓄水库水中溴化物含量长期较高，一般原水中溴化物（Br^-）的含量为 0.08～0.15mg/L，平均约为 0.1mg/L，臭氧氧化时有生成溴酸盐等消毒副产物的风险。

（3）工艺流程：采用高密度沉淀池主臭氧/过氧化氢接触池—上向流活性炭池—石英砂滤池—氯消毒深度处理工艺（图 14-1），在臭氧接触池进水口处设置过氧化氢加注点，解决有机物、藻类及嗅味等水质问题，规避溴酸盐生成。经测算，投加药剂成本为 0.011 元/t 水。

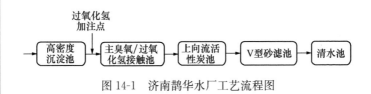

图 14-1　济南鹊华水厂工艺流程图

（4）技术参数：臭氧设计最大投加量为 3mg/L，实际投加量为 0.8～1.5mg/L，停留时间约 15min，接触池上设臭氧尾气处理装置。采用上向流活性炭池池型，活性炭选用 20～50 目煤质压块活性炭，炭层厚 3.0m。活性炭池采用单气冲方式。在臭氧接触池进水口处设置过氧化氢加注点，设计采用的过氧化氢与臭氧投加比为 1∶1（摩尔比）。

（5）运行效果：采用臭氧氧化的新工艺后，通过投加过氧化氢有效地控制了出厂水中的溴酸盐，未出现溴酸盐超标问题。COD_{Mn} 平均为 1.0mg/L，氨氮浓度低于 0.02mg/L，出厂水水质得到了明显的改善。

（6）注意事项：定期检测维护臭氧系统，保障臭氧系统正常运转。应根据水质和水量的变化调整臭氧投加量，臭氧与过氧化氢应按比例投加。

案例 15 臭氧生物活性炭微型动物泄漏控制 技术应用

(1) 工程名称与规模： 深圳市梅林水厂，处理规模 60 万 m^3/d。

(2) 问题与技术需求： 深圳市梅林水厂以深圳水库水作为主要水源，并以来自东江的东部引水作为补充。原水水质总体上为 Ⅱ 类水体，水源切换期间或受雷雨天气影响的部分时段，COD_{Mn} 等指标不能满足 Ⅱ 类水体，处于 Ⅲ 类水体。原水主要存在季节性藻类、嗅味、有机物污染等问题，尤其突出的是水生微型动物问题。COD_{Mn} 浓度为 1.88mg/L，氨氮浓度为 0.04mg/L，微型动物主要是红虫和剑水蚤等，其种群丰度随季节变化明显，夏季和秋季为生长繁殖高峰期。活性炭池是微型动物最主要的二次繁殖场所，一般时段（11月至次年3月）微型动物在活性炭池出水中的密度为 1～10 个/100L，爆发期（4月底至11月初）密度可达到300 个/100L。

(3) 工艺流程： 梅林水厂采用格栅井—预臭氧接触池—絮凝沉淀池—砂滤池—主臭氧接触池—活性炭池—清水池的后置臭氧生物活性炭工艺流程（图 15-1）。

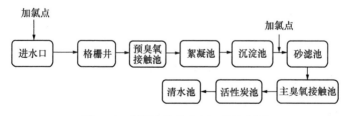

图 15-1 深圳市梅林水厂工艺流程图

(4) 技术参数： 预臭氧设计投加量 1.0～1.5mg/L，主臭氧设计最大投加量 2.5mg/L，实际最大投加量 1.0mg/L，接触时间 10.6min，水中余臭氧浓度控制在 0.08mg/L。活性炭池采用下向流V型滤池池型，炭层厚度 1.85m。采用煤质柱形活性炭，有效粒径 1.5mm，长度 2～3mm。反冲洗使用活性炭池出水，采用气冲、气水混合冲、水冲组合的方式。

针对生物安全问题，梅林水厂采用了全流程多级屏障微型动物控制工程，主要技术措施及工艺改造包括：

1）在水厂进水口增加加氯设施，一旦发现进厂原水或沉后水中活体微型动物密度超过预定值，立即停止预臭氧并及时启动进厂水前加氯和砂滤前加氯，前者投加浓度控制在 0.5～1.5mg/L，砂滤前加氯控制在砂滤后水中余氯浓度在 0.2mg/L 以下，间歇性停止主臭氧，以控制微型动物进入活性炭池繁殖。

2）在活性炭滤料下方添加 300mm 高的砂垫层，石英砂粒径为 0.9～1.0mm。在活性炭池每个滤间的出水处设置 200 目不锈钢拦截网，有效控制无脊椎动物穿透。

3）根据炭后水挂网检测结果，发现有剑水蚤活体存在时，及时调整活性炭池反冲洗频率，必要时采用含氯水对其进行反冲洗，间歇性用有效氯为 3.0mg/L 的含氯水通过活性炭池。

(5) 运行效果：生物风险得到有效控制，出厂水中微型动物密度基本维持在小于 2 个/100L 的水平，偶有出厂水存在微型动物，控制在 5 个/100L 以下。出厂水 COD_{Mn} 浓度为 0.8mg/L，氨氮浓度小于 0.02mg/L。

(6) 注意事项：应及时进行反冲洗，并加强对初滤水的管理。活性炭池反冲洗时，运行人员需加强观察，控制适宜的水冲洗炭层膨胀度，避免活性炭过度磨损。生物拦截网可以设计自动冲洗装置，避免人工冲洗。采用含氯水反冲洗时应慎重，避免对活性炭池的生物膜造成破坏。

案例 16　活性炭吸附十压力式超滤膜组合工艺应用

(1) 工程名称与规模：深圳沙头角水厂，处理规模 4 万 m^3/d。

(2) 问题与技术需求：原水主要取自深圳水库，存在季节性浊度高、嗅味、有机物污染等问题。雨季浊度最高超过 100NTU，COD_{Mn} 平均值为 1.73mg/L。另外，当地为南方亚热带气候，微生物滋生较严重，藻密度最高达到 1780 万个/L，剑水蚤平均为 52 个/100L。因此，微生物安全问题亦迫切需解决。

(3) 工艺流程：见图 16-1。

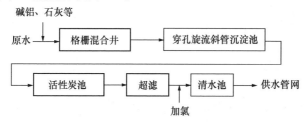

图 16-1　深圳沙头角水厂工艺流程图

(4) 主要技术内容：超滤膜采用 PVDF 外压力式超滤膜，共 6 套膜组，每套膜组 56 支膜，膜通量为 69.9L/(m^2·h)，跨膜压差小于 0.21MPa，单套产水量 280m^3/h，主要用于去除水中的微生物。超滤膜采用气、水联合反冲洗方式，每 30min 反冲洗 1 次，每次反冲洗时间约为 2min。其中气洗时间约 30s，冲洗强度为 0.12m^3/(m^2·h)；水洗时间约 60~90s，冲洗强度为 0.105m^3/(m^2·h)。

(5) 运行效果：工艺对浊度、有机物、微生物等指标具有良好的去除效果，出水浊度均小于 0.1NTU，2μm 以上颗粒数均小于 10CNT/mL，COD_{Mn} 平均含量 0.85mg/L，氨氮小于 0.02mg/L，亚硝酸盐氮小于 0.001mg/L，其他水质指标均保持较优水平。所有水质指标均达到了《生活饮用水卫生标准》GB 5749 的要求，出水水质安全可靠。

(6) 注意事项：设计和运行时要特别注意原水水质特性造成的膜污染及膜通量下降问题以及压力式膜能耗及通量的平衡问题。

案例 17 混凝沉淀十浸没式超滤膜组合工艺应用

(1) 工程名称与规模： 东营南郊水厂二期，处理规模 10 万 m³/d。

(2) 问题与技术需求： 东营南郊水厂生产原水取自于东营南郊水库，该水库位于黄河下游，黄河水经过沉砂池处理后进入南郊水库，水源水总体特征为常年存在有机微污染问题，冬季低温低浊，夏季高藻、嗅味，高藻期嗅味物质超标，口感较差。原水浊度平均值为 5.49NTU，COD$_{Mn}$ 平均值为 2.70mg/L，氨氮平均值为 0.21mg/L。东营南郊水厂二期亟需新的技术和工艺。

(3) 工艺流程： 见图 17-1。

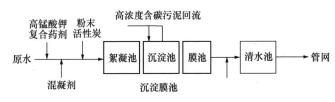

图 17-1 东营南郊水厂二期工艺流程图

(4) 主要技术内容： 东营南郊水厂二期采用 PVC 膜及 PVDF 膜，其中 PVC 膜 11 组，PVDF 膜 5 组。膜通量：PVC 膜冬季 15L/(m² · h)，夏季 25L/(m² · h)；PVDF 膜冬季 20L/(m² · h)，夏季 30L/(m² · h)。运行跨膜压差不超 45kPa。物理冲洗参数：反冲洗周期：120～200min，随着产水量的高低变化；反冲洗强度：60L/(m² · h)，气冲 90s，气水冲 90s；冲洗次序：先曝气擦洗 90s，然后气水同时反洗 90s。维护性化学清洗：PVC 膜 15～20d；PVDF 膜 30～45d。恢复性化学清洗：6 个月一次，离线清洗。

(5) 运行效果： 东营南郊水厂二期工程实现了新建大型超滤膜水厂从规划、设计、建设到工艺选择的创新，打破了传统水厂建设的观念，将混凝、沉淀、过滤集成一体，减少了土地使用面积，提升了产水效能，有效应对了低浊、高藻、微污染水质变化，改善了口感，出水浊度平均为 0.16NTU，COD_{Mn}平均值为 1.86mg/L，细菌总数也远远低于国家标准限值。水厂整体工艺运行稳定可靠，出水水质符合《生活饮用水卫生标准》GB 5749 要求。

（6）**注意事项**：膜系统运行过程中因气蚀造成转子泵腐蚀、穿孔等问题，所以应采用耐腐蚀性强的泵；根据原水水质及时调整膜前预处理工艺及参数；需关注粉末活性炭对膜组运行的影响。

案例 18 紫外线消毒技术应用

(1) 工程名称与规模：上海临江水厂示范工程，处理规模 60 万 m³/d。

(2) 问题与技术需求：水源污染严重，存在消毒副产物和"两虫"超标的风险及臭氧生物活性炭微生物泄漏的问题，需要选用合适的消毒技术。

(3) 工艺流程：见图 18-1。

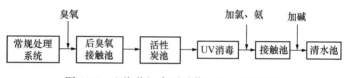

图 18-1 上海临江水厂示范工程工艺流程图

(4) 主要技术内容：采用紫外线与氯胺组合消毒技术，形成多级屏障的饮用水安全消毒工艺。紫外线具有较强的杀菌能力，但其杀菌没有可持续性，无法保证出厂水在管网中的生物稳定。为此，为优化确定氯的投加量，进行了生产性优化试验，确定了氯接触池的氯投加量控制在 1.5～2.0mg/L，氯氮比为 4∶1，出水余氯在 1.2mg/L 左右。

(5) 运行效果：出厂水经紫外线与氯胺顺序消毒后细菌数为 0CFU/mL，抽检未检出大肠菌。当使用氯胺（氯氮比 4∶1，投加量 3mg/L）对紫外线出水进行消毒时，THMs 产生总量为 19.1μg/L，HAAs 总量为 35μg/L，均符合《生活饮用水卫生标准》GB 5749 的规定。

(6) 注意事项：紫外灯套管应定期进行清洗，以保证紫外线消毒设备运行效果。

案例 19　多点加氯控制氯化消毒副产物技术应用

(1) 工程名称与规模：无锡锡东水厂示范工程，处理规模 30 万 m^3/d。

(2) 问题与技术需求：水源季节性高藻、有机碳和有机氮含量高，这些有机物极易在氯化消毒过程中产生含碳和含氮消毒副产物，水厂原水三氯甲烷和二氯乙腈的生成潜能分别超过 $100\mu g/L$ 和 $30\mu g/L$，且常规工艺应对困难，因此需要优化水厂消毒工艺，控制消毒副产物产生。

(3) 工艺流程：见图 19-1。

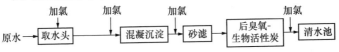

图 19-1　无锡锡东水厂示范工程工艺流程图

1）调整与优化预氯化方式，抑制消毒副产物的形成；

2）强化及改造常规工艺，加入深度处理设施，优化去除消毒副产物的前体物；

3）采用多点加氯，加氯点设置在取水点、混凝前、砂滤前、清水池前，根据原水水质动态调整加氯方案；

4）水质恶化时，采用应急控制措施；

5）建立消毒副产物前体物去除和生成抑制的全流程多级屏障消毒副产物协同控制技术。

(4) 主要技术内容：优化加氯方式，多点投加。在水中含氮和含碳消毒副产物前体物含量依然较高的情况下，一次性投加较大剂量消毒剂会造成消毒副产物浓度的快速升高，特别是在高藻期，各工艺段在较高负荷下运转时，在保证消毒效果的情况下，需要对氯进行分散多点投加，在预氯化除藻和强化常规工艺运行效果的同时，也削减了消毒副产物的生成潜能，有效控制了后续消毒时消毒副产物的生成。根据原水水质动态调整加氯方案，其相比传统加氯方式总氯量不变。

(5) 运行效果：水厂及供水范围内龙头水水质稳定达标，与一次性加氯相比，三卤甲烷、卤乙酸、卤乙腈生成量减少 30%～50%。

(6) 注意事项：多点加氯方案需根据原水水质变化动态调整。

案例 20 地下水铁、锰和氨氮复合污染同步去除的曝气-过滤净水技术应用

(1) 工程名称与规模：哈尔滨松北区前进水厂改扩建示范工程，处理规模 4 万 m^3/d。

(2) 问题与技术需求：该地区的原水中平均含铁 15mg/L、锰 1.5mg/L、氨氮 1mg/L。前进水厂原一期工程建设跌水曝气池（1 号曝气池）和表面叶轮曝气池（2 号曝气池）各一座，一级滤池五座（1～5 号滤池），二级滤池五座（6～10 号滤池），清水池一座，送水泵房一座。经长年稳定运行后，一级滤池出水总铁基本合格，时有波动。锰和氨氮严重超标，去除率仅为 10%～20%，需要对水处理工艺进行改造，同步提高铁锰和氨氮的去除效率。

(3) 工艺流程：原净水工艺流程见图 20-1。

图 20-1 哈尔滨松北区前进水厂原净水工艺流程图

改造过程中，将滤池逐一改为无烟煤-锰砂双层滤料滤池，并在每座滤池的进水渠上设置跌水曝气槽。将 2 号曝气池按照 1 号曝气池的模式改为喷淋曝气池，喷淋高度为 1.5m，孔眼出流速度 3.0m/s，喷淋密度 25m^3/(m^2 • h)，将串联二级工艺流程改为并联一级工艺流程。见图 20-2。

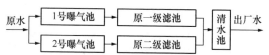

图 20-2 哈尔滨松北区前进水厂改造工艺流程图

总体净水工艺流程见图 20-3。

本工艺针对铁、锰和氨氮复合污染地下水，结合化学和生物作用，采用一级曝气-接触过滤技术进行铁、锰、氨氮的同池净化。在曝气条件下，原水中的二价铁锰离子在化学和生物氧化作用下，在同一滤池内

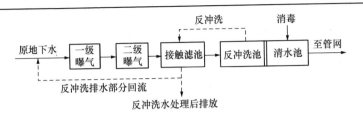

图 20-3 哈尔滨松北区前进水厂总体净水工艺流程图

被截留于滤层中,同时氨氮在滤层中的生物硝化作用下转化为硝酸盐氮,从而实现了铁、锰和氨氮的同步去除,再将滤料吸附截留的铁锰通过反冲洗排出处理系统。滤池出水进入净水蓄水池,经过消毒后进入供水管网。

(4) 技术参数:

1) 原水水质:铁 15.0~20.0mg/L、锰 1.1~1.7mg/L、氨氮 0.9~1.2mg/L、pH 为 6~8.5。

2) 曝气溶氧单元:喷淋高度:2.5~3.0m;喷淋密度:8~20m³/(m²·h);穿孔管孔口直径:5~10mm;孔口流速:0.5~2m/s;穿孔管孔眼距离:单排布置孔眼间距 20mm;曝气水 DO(溶解氧)饱和度:60%~70%;曝气水 DO 浓度:8~8.5mg/L。

3) 生物滤池:滤速:4~6m/h;过滤周期:24~48h;反冲洗强度:8~12L/(s·m²);反冲洗时间 3~6min;滤层厚度:1350mm;垫层厚度 500mm。

(5) 运行效果:保证了滤池出水铁、锰以及氨氮含量分别控制在 0.1mg/L、0.05mg/L 和 0.2mg/L 以下,达到了《生活饮用水卫生标准》GB 5749 要求。前进水厂的成功改造使得只需要少量管道阀门的变换,将原有两级串联工艺运行改造成并联运行,处理能力翻倍,一期工程产水量由原来的 1 万 t/d 提高至 2 万 t/d,不仅免除了征地难题,而且直接节省了基建费用 3000 万元(包括新建的二期工程),节省年运行费用 200 万元,同比传统两级过滤技术,节约基建投资 30%,节约运行费用 20%。

(6) 注意事项:为保障滤池运行效果和使用寿命,充氧量需满足铁、锰和氨氮氧化需求,同时反冲洗时间和强度应结合实际运行效果通过试验确定,避免破坏生物滤膜。

案例 21 诱导结晶软化技术应用

(1) 工程名称与规模：平阴县田山水厂地下水硬度去除示范工程，处理规模 3.0 万 m³/d，工程总投资 1400 万元。

(2) 问题与技术需求：水源为前寨-凌庄地下水源，原水存在总硬度超标问题，总硬度在 480～510mg/L 之间，需要降低水的硬度，以满足《生活饮用水卫生标准》GB 5749 的要求。

(3) 工艺流程：水厂采用原水—跌水曝气池—高效固液分离池（诱导结晶软化单元）—砂滤池—清水池—消毒组合工艺（图 21-1）。

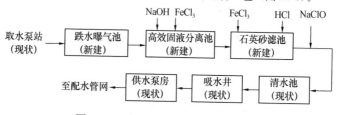

图 21-1 平阴县田山水厂工艺流程图

(4) 技术参数：软化药剂采用氢氧化钠，投加量 80～120mg/L，混凝剂采用三氯化铁，两者投加比例为 40∶1～20∶1，高效固液分离单元上升流速 8～9m/h，水力停留时间 40min，其中诱导结晶接触时间 18min，滤池滤速 8m/h；诱导结晶材料采用石英砂滤料，粒径 80～160 目，排渣周期 45～60d。

(5) 运行效果：出水水质符合《生活饮用水卫生标准》GB 5749 要求，其中出水总硬度稳定在 300mg/L（以 $CaCO_3$ 计）左右，浊度在 0.15～0.26NTU，pH 在 6.6～8.1，新增运行成本 0.40 元/m³。

(6) 注意事项：根据出水水质、诱导结晶核生长情况定期排出诱导结晶载体；三氯化铁、氢氧化钠使用中须采取防腐措施，可采用 PTFE、PVC 等材质的管道；在诱导结晶软化单元出水线路上可安装 pH、硬度等在线监测仪表，反馈调节药剂投加参数。

案例 22 地下水卤代烃曝气吹脱技术应用——济南

(1) **工程名称与规模**：济南东源水厂卤代烃去除工程，处理规模 5 万 m^3/d。

(2) **问题与技术需求**：水源为牛旺庄地下水源，原水存在四氯化碳超标问题，其浓度为 $2\sim8\mu g/L$，需要采用合适的水处理技术去除水中的四氯化碳。

(3) **工艺流程**：采用"原水—固定填料床曝气吹脱池—二氧化氯消毒"处理工艺去除四氯化碳（图 22-1），曝气吹脱池尾气采用活性炭吸附。原有工艺的清水池改造为曝气吹脱池，在原清水池内前两个廊道安装组合式风叶结构填料及曝气吹脱系统，并新建鼓风机房和尾气吸附系统。

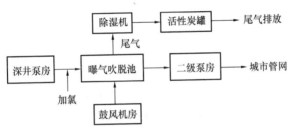

图 22-1 济南东源水厂卤代烃去除工程工艺流程图

(4) **技术参数**：填料采用自主研发的组合式风叶结构填料，填充比 50%；曝气吹脱系统采用三台罗茨鼓风机，总供气量 $60m^3/min$，微孔曝气盘曝气，气水比为 $2:1\sim4:1$；活性炭吸附设施采用 $\Phi4mm$ 柱状气体吸附专用炭，填充层厚度 2m，通气速度 $0.2\sim0.4m/s$。

(5) **运行效果**：出水水质符合《生活饮用水卫生标准》GB 5749 要求，其中四氯化碳平均浓度在 $0.6\mu g/L$ 左右；气水比为 $2:1\sim4:1$ 时，新增制水成本 $0.03\sim0.06$ 元$/m^3$。

(6) **注意事项**：根据原水中污染物浓度的变化调节气水比，达到节能降耗的目的；运行过程中观察微孔曝气盘的运行效果，长期运行可能存在结垢问题，影响吹脱效率；根据活性炭吸附容量、尾气浓度确定活性炭更换周期。

案例 23 地下水卤代烃曝气吹脱技术应用——徐州

（1）工程名称与规模： 徐州七里沟水厂卤代烃去除工程，处理规模 1 万 m³/d。

（2）问题与技术需求： 腾寨水源地受四氯化碳污染，原水四氯化碳浓度为 9～12μg/L，超过了《生活饮用水卫生标准》GB 5749 的要求。

（3）工艺流程： 原水—喷淋—曝气吹脱—出水。新建喷淋曝气设施、鼓风机房及结垢控制等辅助设施。原水通过喷淋头均匀喷洒至托盘，经 S 形路线跌落至曝气池前端。曝气池由隔板墙均匀分成 5 个室，其中前四个室安装曝气头，通过罗茨鼓风机对水体进行曝气。见图 23-1。

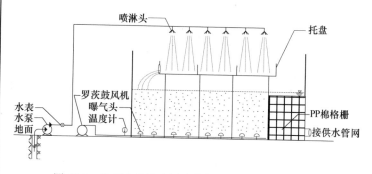

图 23-1 徐州七里沟水厂卤代烃去除工程工艺流程图

（4）技术参数： 喷淋曝气池尺寸为 12m×5m×3m（长×宽×高），喷淋头距托盘高度为 2m，水深 1.6m，停留时间 30min，气水比为 5∶1。

（5）运行效果： 出水水质符合《生活饮用水卫生标准》GB 5749 要求，其中出水四氯化碳小于 0.2μg/L；新增制水成本 0.04～0.06 元/m³。

（6）注意事项： 曝气过程中可能会出现气体温度升高现象，再加上曝气过程中水体发生脱碳酸作用，导致曝气头、管道及计量设施上发生结垢问题。该工程主要通过外部环境冷却、加长输气管道及在喷淋曝气池第五室加 PP 棉格栅的措施解决曝气吹脱过程中的结垢问题。

案例 24　济南市区域供水管网优化调度

(1) 案例名称与规模：济南市区域供水管网优化调度。该案例位于济南市经十路以北，解放路以南，二环东路以西，历山路以东，供水面积约 6.2km²，管长约 108km，管材有 PE、铸铁、镀锌、球墨铸铁、钢、PVC、UPVC 等，管网由鹊华水厂、玉清水厂、工业北路水厂供水。水司已建有完善的管网监测系统和地理信息系统，为后续的管网水力模型建立及优化调度提供了基础。

(2) 问题与技术需求：该区域供水管网主要存在两个问题：一是消毒剂与微生物指标存在超标风险；二是管网运行调度依靠人工经验，能耗较高，部分区域压力较高具有优化潜力。需要找出一个运行费用最省、可靠性最高的优化调度方案，对管网系统进行优化调度，优化管网末端水体流速，提升管网水质，获得满意的经济效益和社会效益。

(3) 技术原理：供水管网优化分为调度时用水量预测、建立供水系统模型、基于优化算法寻找优化方案进行调度决策三个工作步骤。

(4) 主要技术内容：

1) 调度时用水量预测：获取鹊华水厂、玉清水厂、工业北路水厂供水量历史数据作为预测模型的输入，采用自适应移动平均与季节性指数平滑法相结合的偶与滤波技术，对济南示范区供水管网时、日用水量进行预测。

2) 建立优化调度模型：在微观模型基础上，以末端管道最小流速、最低压力和管道流向变化作为优化约束条件，以供水费用最低为目标函数，使用智能优化算法，基于一级调度确定各送水泵站内各种型号水泵的运行数量、单台泵的流量、泵站内调速泵的转速，实现了济南示范区供水管网在线调度、离线调度及调度方案评估等功能，在保障供水管网水质、减少漏损、节省能耗等方面取得了非常好的效果。

3) 制定调度决策方案：包括在线调度和离线调度两种形式（图 24-1、图 24-2）。在线调度是以当前时段实测数据为基础，对下一时段用水量进行预测，并根据供水安全性、供水经济性、流量吻合度及水泵效率四项评估指标做出在线调度方案决策，提供在线调度方案；离线调度是以历史数据为基础，预测当日 24 个时段的需水量，进行管网离线调度计算，可为每日的调度决策提供重要依据。

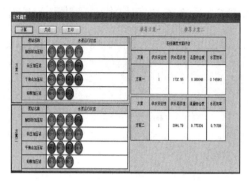

图 24-1　在线调度

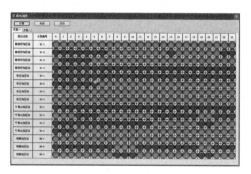

图 24-2　离线调度

（5）运行效果：对济南示范区供水管网日、时用水量进行预测，并对供水管网进行优化调度，该区域加压站日平均供水能耗由 1520kWh 降至 1460kWh，能耗降低率为 3.95 ％。

（6）注意事项：提高用水量预测的准确性直接关系到供水系统工况模型分析结果的准确程度和调度模型调度决策的针对性和可靠性；在线调度应优先选用在线水力模型进行调度；对于供水管网来说，能耗并不是唯一的衡量指标，管网水质、供水可靠性等其他指标应在优化调度时给予同时考虑。

案例 25 DMA 漏损优化控制技术应用

(1) 案例名称与规模： 北京市供水管网 DMA 漏损优化控制。针对北京市区范围内的 392 个居民小区 DMA，优化漏损控制策略。涉及总户数约 74 万户，DN75 及以上总管长约 1000km。

(2) 问题与技术需求： 每个 DMA 的特征（管材、管长、管龄、户数、水压）不同，难以判断 DMA 的最小夜间流量对于 DMA 特征来说是否处于合理水平，进而难以决定应采取何种措施控制 DMA 的漏损。因此，需要建立 DMA 漏损优化控制技术，明确不同 DMA 的最优漏损控制措施，提高漏损控制的经济有效性。

(3) 技术原理： 通过在典型 DMA 开展检漏修漏试验，得到 DMA 可达到的最小夜间流量，并建立其与 DMA 属性之间的关系；利用上述关系，计算在某种控制措施下的最小夜间流量，并与当前的最小夜间流量作对比，计算节水效益；将节水效益与控制成本作对比，得到优化的漏损控制策略。见图 25-1。

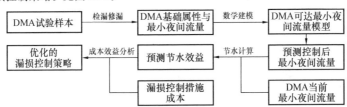

图 25-1 DMA 漏损优化控制技术原理

(4) 主要技术内容：

1) DMA 可达最小夜间流量模型建立：在全国选择了 36 个 DMA 进行检漏修漏直至所有 DMA 均无法检出新的漏水点；收集此 36 个 DMA 的管材、管长、管龄、用户数、水压以及最小夜间流量（记作 LMNF，单位：L/s）等数据；采用多元回归方法，建立了 LMNF 与 DMA 基础属性之间的关系，如下式所示：

$$LMNF = (0.00041L_1 + 0.00014L_2 + 0.0015N) \cdot A^{0.72} P^{1.4}$$

$$(25-1)$$

式中：L_1——DN75 以上铸铁管管长（km）；

  L_2——DN75 以上其他管材管长（km）；

  N——户数（千户）；

  A——平均管龄（年）；

  P——夜间平均压力（m）。

2）节水效益计算：对任意 DMA，可采用公式（25-1）计算采取不同控漏措施（检漏修漏、降压、管网更新）后的最小夜间流量，将其与当前最小夜间流量对比，则可预测出不同控漏措施的节水效益。注：不同控漏措施下公式中变量的取值不同。

3）漏损控制措施优化：将各漏损控制措施的成本与预测的节水效益作对比，若能在预期的成本回收期内收回成本，则认为该漏损控制措施是可行的。对所有 DMA 进行分析，则可得到整体优化的漏损控制措施。

(5) 运行效果： 应用于北京 392 个 DMA，得到需对 123 个 DMA 进行修漏，需对 61 个 DMA 进行压力控制，提高了漏损控制的针对性和经济有效性。

(6) 注意事项： 公式（25-1）不能简单直接套用，而应在目标管网上选择 DMA 样本进行试验，得到数据并建立模型。

案例 26　管网漏失检测技术应用

（1）案例名称与规模：常州市基于分区计量体系的供水管网漏失检测，4 个一级计量分区、18 个二级计量分区、4 个三级计量分区、220个 DMA。

（2）问题与技术需求：常州供水抢修及暗漏检出数据显示，80%以上的漏点在 DN200 口径以下管道上，并且由于从 DN200 口径往下开始大量使用 PE 管，乡镇管网还有部分增强塑料管，传统听音检漏法难以发现漏点，亟需通过管网漏失检测来降低管网漏失率。

（3）技术原理：采用多种技术结合的方法，开展管网漏失检测。分析 DMA 最小夜间流量与对应区域内用户用水性质（尤其是工业用户），排除连续 24h 用水大用户外，区域内 01：00—03：00 最小夜间流量水量大部分为漏失水量，对于漏失水量排序靠前的分区和 DMA 重点排查，排查的方法包括人工听音检漏法、水听器辅助漏点识别法和区域定位法等。具体技术原理见图 26-1。

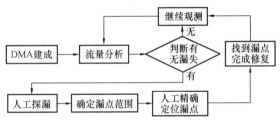

图 26-1　管网漏失检测技术原理

（4）主要技术内容：在构建 DMA 分区的基础上，常州建设了漏损信息分析平台，安装了漏点在线监测设备辅助漏点识别与区域定位，通过综合利用最小夜间流量分析、在线监测数据分析和 DMA 分区统计分析等，实现了对新增漏损和存量漏损的管理。对于漏损严重区域，重点开展人工听音检漏，提高漏损探测效率。

（5）运行效果：

1）分析分区及 DMA 的最小夜间流量，筛分出需要探漏的区域和需要表务稽查的区域。

2）噪声监测设备采用多探头网状布设，探头数据可以相互验证，通过相关性估算漏点大致方位，效果更佳，并且通过噪声连续性和强弱可以从侧面反映 GIS 系统管网的准确性，方便 GIS 人员修正管网数据。

3）2019 年 9 月—11 月，区域内某 DMA 销售水量约 47160t，供水量为 95118t，产销差为 50.42%。对比远传数据该漏点每月漏失水量约12000t，漏点排查和维修后，2020 年第一季度产销差降到 15% 左右。

(6) 注意事项：

1）不同管网可达的最小夜间流量不同，其影响因素、可用数据也不尽相同，需要归纳总结。

2）对于电子设备的报警，需要仔细分析检查，根据其提供的初判范围，利用关阀测试、阀栓听音、路面打孔听音等方法找到漏点，同时也要核查 DMA 基础数据（总表、户表、管网资料、远传设备等），避免错误数据干扰。

案例 27　供水管网爆管动态风险评价技术应用

(1) 案例名称：郑州市供水管网爆管动态风险评价技术应用。

(2) 问题与技术需求：供水管网系统庞大且隐蔽性强、外部干扰因素多，且管道自身材料质量和安装质量差异较大，导致经常发生爆管事故，造成水资源的浪费，也影响正常的生产和生活。因此需建立城市供水管网爆管风险评价模型，提出针对爆管事故预防和应急处置的技术方法体系。

(3) 技术原理：本技术的核心包括静态风险统计学模型的构建与参数估计方法，以及用于分析管道流速、节点压力、压差波动等动态爆管风险指标的供水管网瞬变流分析技术。开发了爆管风险评价模型软件，集成了 Google Earth 可视化地图系统，可同时连接多个供水管网 SCADA 数据库、城市爆管信息数据库，并提供管网水力模拟支持，可为供水管网爆管决策提供工具支持。

(4) 主要技术内容在案例中的实现：

1）收集郑州市供水管网爆管历史数据，以管龄、管材、管径为核心要素，利用爆管历史数据和干管数据对主变量进行参数估计，再利用爆管历史数据和干管数据对协变量进行参数估计，构建静态风险评价模型。

2）在静态风险评价的基础上，通过构建 BP 神经网络实现对管道流速、节点压力、压差波动等主要管网爆管的动态分析计算，并将其作为权重与爆管静态风险评价模型进行耦合，建立了郑州市供水管网爆管动态风险评价模型。

3）结合建立的供水管网爆管风险评价模型绘制出了郑州市的管道爆管率分布图，其中管段颜色越深代表管段的爆管风险率越高，相关管道应该注意加强维修保护。

(5) 运行效果：通过对识别出的高风险管道进行更新改造和优化调控出厂运行压力，自 2013 年以来，郑州市供水管网爆管事故数量显著下降，2015 年实现了全年无大型爆管事故，供水管网设施运行状况有显著改善，供水管网运行安全水平得到大幅提升。

(6) 注意事项：各城市供水管网的管材、使用年限、运行压力、维护水平等存在很大差异，应用本技术需要根据当地具体情况，在详细分析爆管历史数据的前提下，提出适合该城市供水管网的静态风险和动态风险评价模型结构，并根据实际运行数据合理选取和校核模型中的相关参数。

案例 28 水源切换管网"黄水"预防控制技术应用

(1) 案例名称与规模： 北京市水源切换管网"黄水"预防控制技术应用案例。北京市日供水能力 380 多万 m^3，服务人口超过 1000 万人，供水管网长度超 10000km。

(2) 问题与技术需求： 2008 年 10 月北京市在利用南水北调中线干渠北段调入河北省黄壁庄水库等应急水源后，在多个居民小区出现了持续 2 个多月的管网"黄水"现象，对居民的日常生活造成了较大影响。在南水北调中线丹江口水库水源正式通水前，开展相关技术研发，确保水源顺利切换、避免管网"黄水"发生成为当时的迫切需求。

(3) 技术原理： 不同水源切换时，出厂水的化学特征一般变化较大，当铁质管道的管垢稳定性较差时，可导致铁氧化物管垢成分加速释放而导致管网"黄水"现象。通过分析水源切换前后出厂水拉森指数（LR）、水质腐蚀性判断指数（WQCR）、水质差异度指数和硝酸盐浓度的变化，以及典型供水管段管垢中 Fe_3O_4 成分含量及生物膜群落结构，可预判水源切换时管网发生"黄水"的风险，并可根据风险水平制定水源切换综合控制技术方案。

主要技术参数：水源切换前后出厂水 LR 差值＜0.3，发生"黄水"风险低，LR 差值＞0.5，存在一定风险；管垢中 Fe_3O_4 与 $\alpha\text{-}FeOOH$ 的含量比值（M/G）＞1，水源切换时发生"黄水"风险低，M/G＜1，存在一定风险；当 WQCR＞1.0 时，原供水管网管垢不稳定，水源切换时发生"黄水"风险高；水源切换前管网水中 $NO_3\text{-}N$ 浓度＜3mg/L，水源切换时发生"黄水"风险低，水源切换前管网水中 $NO_3\text{-}N$ 浓度高于 7mg/L，存在一定风险；生物膜中铁还原菌相对丰度高，水源切换时发生"黄水"风险低，生物膜中铁还原菌相对丰度低，存在一定风险。

(4) 主要技术内容： 为防止南水北调水源切换过程中出现大面积管网"黄水"问题，保障管网水质安全，北京市利用上述水源切换下的管网"黄水"风险识别方法，绘制了市区供水管网水源切换后不同工况条件下的"黄水"风险分布图，确定了北京市管网风险点和重点关注区域，制定了接纳南水北调水源的保障方案。根据"由外至内、分区域供水"原则，逐步增加外调南水和本地水配水比例,渐进扩大供水范围的调度运行方式：在管网稳定性高的独立管网区域一次性切换南水北调水，在管网稳定性差的区域采用本地水和南水北调水混合并逐步提高南水北调水源比例的方式（初期外调水源比例不超过30％，逐月提高比例，最后至100％采用南水北调水源）；在全市管网"黄水"重点关注区和敏感区调整末梢水体流动状态，制定了水质监测、管网冲洗、快速调度等应急控制策略。

(5) 运行效果： 技术应用于北京市南水北调水源切换、本地多水源联合调度等的工程实践，为北京市科学合理地使用可利用水源，保障安全、优质供水提供了重要的技术支持，受益人口达1000万人以上，取得了良好的社会和经济效益。

(6) 注意事项：

1）地下水切换为地表水时，发生管网"黄水"的风险相对较大；

2）不仅水源切换，处理工艺改变（包括消毒剂类型变化）时也应开展风险评估。

案例 29 供水管网余氯保障技术应用

(1) 案例名称与规模：常州市供水管网余氯保障工程，供水能力 110 万 m^3/d。

(2) 问题与技术需求：常州市供水管网总长度 8000 多 km，供水区域内有 2 座水厂，管网中共设置 5 个增压站和 7 个在线水质监测点，采用次氯酸钠消毒，存在部分区域余氯浓度偏高、部分区域余氯浓度偏低的问题。

(3) 技术原理：首先通过小区管网余氯衰减潜势分析确定小区入口余氯浓度最低值，再通过构建余氯模型，优化确定水厂和增压站消毒方案，保障小区入口余氯浓度满足最低值要求。

(4) 主要技术内容在案例中的实现：

1) 确定小区入口余氯浓度最低值。为保障用户龙头水余氯浓度稳定达到 0.05mg/L，在小区管网余氯衰减潜势分析的基础上，确定冬季小区入口最低余氯（游离氯）浓度值不应低于 0.25mg/L，夏季小区入口最低余氯浓度值不应低于 0.35mg/L。

2) 优化确定水厂和增压站消毒方案。通过分析在线水质监测点与管网模型末梢节点（小区入口）之间的相关性，根据小区入口余氯浓度最低值，确定管网关键在线水质监测点的控制浓度。建立水厂-增压站-水质监测点余氯浓度预测模型，根据管网关键在线水质监测点的控制浓度，确定水厂和增压站的消毒方案，冬季控制出厂水余氯浓度为 0.50～0.60mg/L，增压站出水余氯浓度为 0.64～0.70mg/L，夏季控制出厂水余氯浓度为 0.70～0.80 mg/L，增压站出水余氯浓度为 0.65～0.85mg/L。

(5) 运行效果：采用优化消毒方案后，龙头水余氯浓度满足《生活饮用水卫生标准》GB 5749 的规定。同时，冬季总加氯量降低 11.0%，节点余氯浓度标准差约为 0.094，管网余氯分布均匀程度提高 10.7%；夏季总加氯量降低 3.2%，节点余氯浓度标准差约为 0.12，管网余氯分布均匀程度提高 4.7%。

(6) 注意事项：

1) 余氯模型的准确性与水厂和增压站的消毒方案直接相关，应充分考虑模型误差造成末端余氯的不足，应通过实时监测末端余氯浓度及时调整余氯模型参数；

2）在其他城市或小区应用该技术时，应通过长期取样试验确定小区管网余氯衰减潜势，并注意季节变化和小区二次供水设施管理措施改善等导致的余氯衰减潜势改变；

3）在满足水质标准的前提下，减少消毒剂投加量，但应保证一定的安全余量。

案例 30　城乡统筹供水管网水质保障技术应用

(1) **案例名称与规模**：苏州市木渎镇城乡统筹供水管网水质保障技术，总供水量 16 万 m³/d，供水面积 58km²，管网模型总管段长度 147.91km。

(2) **问题与技术需求**：城乡统筹供水管网由于供水距离长，导致水龄增加，影响了供水管网水质。因此需要通过合理的水力调度优化管网供水路径，减小管网水龄。而针对水力调度无法有效改善水质的区域需进行管网清洗，以降低管网水的浊度。两种方法结合，使管网中余氯分布更均匀，改善管网末梢水质，从而保障管网水质。

(3) **技术原理**：以水龄为间接表征水质的指标，建立苏州市木渎镇管网水质模型。根据已经建立的管网水力模型，结合水质监测点的水质监测数据进行校核，建立以水龄为水质指标的水质模型，识别管网水质高风险管道，并根据影响管道水质的主要因素提出相应的管道更新改造方案。

(4) **主要技术内容**：采用遗传算法对管网进行水力调度优化，在考虑管网不同区域水量差异性的条件下，整体减小综合水龄指数。目标函数为综合水龄指数最小：

$$\min \sum_{m=1}^{3} \lambda_m \left(\frac{\sum\limits_{i \in S_{mj}} T_i q_i}{\sum\limits_{i \in S_{mj}} q_i} \right)$$

式中：q_i——监测节点 i 的流量；

T_i——监测节点 i 的水龄；

λ_m——系数，λ_1、λ_2、λ_3 分别表示近水源、管网中段、管网末梢的系数，λ_m 通过对管网进行水龄模拟，并且以管网最大水龄 T_{max} 为基础对该管网的节点进行分类后计算获得；

S_{mj}——属于所在管段区间的监测节点的集合，S_{1j}、S_{2j}、S_{3j} 分别表示近水源区域、管网中段区域、管网末梢区域。

综合水龄指数即某工况下，所有监测点的水龄相对于监测节点流量的加权平均值。若综合水龄指数降低，说明经过水力调度之后，管网的综合水质得以改善。对于节点权重水龄过高的区域提示水质风险，通过

优化管网冲洗周期 T 保障水质。对于管网末梢、管材老旧及用水量较小等水质风险高、无法通过水力调度改善水质的管网区域，通过制定合理的管网冲洗策略进行改善。通过管网水龄分布图和余氯分布图识别这些水质较差的区域，制定冲洗方案，冲洗实施过程中全程在线监测排放水的浊度变化，评估冲洗影响的范围，确定下一次冲洗的周期和规模。

（5）运行效果：以综合水龄指数作为水力调度优化目标，对苏州市木渎镇城乡统筹供水管网水质进行优化。经过水力调度优化，综合水龄指数由 31.65h 降为 26.35h，水质得到改善。经过管道清洗，排放水浊度从冲洗开始时的 100FNU/NTU 降为 6.3FNU/NTU，水质也得到明显改善。该技术适用于城乡统筹供水管网乡镇区域的水质保障，有效整体提升管网的水质水平，同时降低管网末梢、管材老旧、用水量少、输水距离长等乡村区域的水质风险。

（6）注意事项：通过优化综合水龄指数进行水质改善，所用水力水质模型需达到相应的校核标准，通过该模型计算各节点水龄作为综合水龄指数的计算依据，同时也要注意不同管网相应权重系数需根据管网分布空间范围及拓扑做适当调整。

案例 31 居民住宅老旧二次供水 设施改造工程

(1) 案例名称与规模： 上海市居民住宅老旧二次供水设施改造民生工程。上海 2000 年以前建造的居民住宅面积约 2.5 亿 m^2，分三轮进行改造：2007—2010 年世博会前中心城区世博园周边改造了 60006 万 m^2，2014—2017 年中心城区改造了 1.4 亿 m^2，2016-2018 年郊区改造了约 5000 万 m^2。截至 2019 年 5 月底，上海城投水务（集团）有限公司已接管具有二次供水设施的小区共计 5489 个，总建筑面积达到 16201 万 m^2。接管的二次供水设施中，地下水池共 4410 座，泵房 4380 座，水泵 9924 台，水箱 55523 个。

(2) 问题与技术需求： 根据居民投诉和检测评估，二次供水主要的水质问题是水黄、水浑、微生物超标和红虫等，需要开展二次供水设施建设与改造，以改善供水水质。

(3) 主要技术内容：

1) 中心城区基本维持原有供水模式不变，对小区泵房、立管、水箱（池）、水表及表箱等老旧供水设施进行更新改造，小区埋地管道基本没有改造。

2) 郊区大力推广箱式一体化泵房建设，大面积取消屋顶水箱，部分小区埋地管道也同步更新改造。

3) 改造后上海城投水务（集团）有限公司已接管的 5000 多个小区已全面落实水箱（池）清洗消毒和设施维修养护，其中 100 多个小区实现了二次供水水量、水压、水质等运行状态在线监测和泵房视频监控，政府另外设置了上百个二次供水水质在线监管点。

4) 供水企业实现管水到表，增设服务站点和服务代表（水管家），建设了上海市二次供水信息化管理平台。

(4) 运行效果： 居民住宅老旧二次供水设施改造工作列为上海市市委督办、市政府实事项目，是提高供水水质、提升供水安全保障的有力手段。二次供水设施改造后，供水水质明显改善，余氯水平从原来的 0.05mg/L 提高到 0.15mg/L，浊度由改造前的 1.08NTU 明显下降到改造后的 0.25NTU；铁含量从改造前的 0.23mg/L 下降到改造后的 0.03mg/L；

生物稳定性提高，微生物滋生速度明显减缓，细菌总数明显下降。这项贴近民生、服务民生、改善民生的民心工程，积极践行了"城市让生活更美好"的美好愿景。

（5）**注意事项**：二次供水设施改造完成后应重视长期的水质监测和运行维护问题；对于新入住小区，应有过渡方案解决刚开始阶段由于用户少用水量低导致水箱水力停留时间长而引起的水质问题；叠压供水应注意周边区域的市政管网压力问题。

案例 32　二次供水设施统建统管应用

（1）案例名称与规模：常州市高层住宅二次供水设施统建统管工程，用水户 37.5 万户。

（2）问题与技术需求：2005 年之前，常州市高层住宅二次供水设施都由开发企业建设，验收合格后交由小区物业公司管理，出现诸多问题，用户对此反映强烈，迫切要求解决二次供水存在的建管分离、权责不清、分散管理等问题。

（3）主要技术内容：

1）统一建设、统一管理。2005 年 9 月常州市出台了《常州市高层住宅二次供水设施管理办法》，明确规定新建住宅小区二次供水设施应当委托城市供水企业建设、维护和运行管理。供水企业与开发企业签订委托建设协议，开发企业将二次供水设施建设、维护和运行管理费用一次性支付给供水企业，由供水企业"统一建设、统一管理"，实现"抄表到户、同城同价、同网同质"。

2）无人值守、集中监控。构建二次供水 SCADA 远程监控系统，实现远程数据采集和控制功能，当设备出现异常情况时，系统会自动发出报警，帮助维修人员预判故障，实现了"无人值守、集中监控"。

3）加强检测，信息公开。加强水质日常检测工作，对出水浊度、余氯等指标进行现场快检。采取网上公示、小区公示、水质在线监督等方式实现二次供水水质信息公开。

4）移动巡检，智能安防。基于物联网技术，实施移动巡检，实时定位巡检人员位置和轨迹，将传统的巡检工作标准化、透明化。每个泵房配置了摄像头、红外探测器、电控门锁、声光报警器等安防设备，提高了二次供水安全保障能力。

（4）运行效果：2008 年启动了"已建高层居民住宅二次供水设施改造"工程，对 2005 年之前建设的 61 个老旧小区的二次供水设施进行改造接收，近 2 万只居民水表抄表到户。截至 2019 年 12 月底，常州市所有高层居民住宅二次供水设施基本全部由自来水公司专业化运行管理，至今已累计建设管理了 512 个泵房，二次供水用户达 37.5 万户，龙头水水质满足《生活饮用水卫生标准》GB 5749 的规定。该模式在江苏省推广，目前无锡、扬州、泰州、连云港、姜堰、江阴等城市的二次供水实行统建统管。

（5）注意事项：根据小区规模及管网情况，科学选择供水方式；建立信息化管理系统，实时监控泵房设备运行情况，确保数据传输畅通准确；建立专业巡检运行、维保抢修队伍，确保设备安全稳定运行；建立停水应急保障机制，保证居民基本生活用水。

案例 33　供水管网数据过滤和清洗技术应用

(1) 案例名称：苏州市吴江区供水管网实时监测数据过滤和清洗技术应用案例。

(2) 问题与技术需求：在供水管网实时监测数据中，由于传感器异常或者数据传输系统问题，监测数据中存在异常情况（如监测值过大、过小或缺失等），异常数据的存在使得数据利用率低并且给供水生产调度或者供水模型建立都带来负面影响。

(3) 主要技术内容：

1）收集供水历史数据，以数据存储时间间隔为核心要素，判断监测数据中缺失情况，采用缺失值填充模块进行回补填充，解决监测数据缺失问题。

2）在缺失值得到填充的基础上，使用趋势分解方法，将供水监测数据分解为周期项、鲁棒性趋势项以及余项。

3）在所得余项之上，使用极值偏离测试法进行异常值检测。

$$C_k = \frac{\max |x_k - \mathrm{median}(x)|}{MAD}$$

式中　　C_k——第 k 次循环计算所得最大残差数据；

$\quad\quad\quad x_k$——原余项序列删除前 $k-1$ 轮最大残差数据后剩余的余项序列；

$\mathrm{median}(x)$——剩余余项序列的中位数；

$\quad\quad MAD$——余项与余项中位数之差的中位数。

$$\lambda_k = \frac{(N-k)t_{p,N-k-1}}{\sqrt{(N-k-1+t^2_{p,N-k-1})(N-k+1)}}$$

式中　　λ_k——第 k 次计算所得余项序列的临界值；

$\quad\quad\ N$——余项中数据总数；

$t_{p,N-k-1}$——自由度为 $N-k-1$ 且显著水平为 p 时的 t 分布临界值。

如果 $C_k > \lambda_k$，则判断该值为异常值，并将其从数据集中删除，从剩余数据中重新计算临界值，直至完成 k 个循环。

4）对于异常数据，使用该数据分解得来的周期项以及鲁棒性趋势项之和进行回填，实现异常数据修正。

（4）**运行效果**：取吴江区 2016 年 6 月至 2019 年 7 月的供水数据进行测试，经过数据过滤和清洗后的供水监测数据填充了缺失值，修正了异常值，减少了极端异常值对供水数据时序特征掩盖的影响。使用未经清洗的数据与清洗后的数据分别建立供水预测模型，数据清洗后，训练时间明显缩短，预测误差由 4.309% 降低至 2.652%，模型稳定性由 0.658 提升至 0.899，模型也更具鲁棒性。因此数据过滤和清洗对供水模型的建立及运行效果具有重要作用，也对供水运行提供了更准确的指导意见。

（5）**注意事项**：由于存在个别极端异常值，该方法可能无法一次性过滤和清洗修正全部异常值，需要在详细分析整体监测数据的基础上，分段或多次使用该方法，调整优化方法中相关参数，进而进行整体监测数据的过滤和清洗。

案例 34　供水管网信息化与智能化平台建设

(1) 案例名称： 天津市供水管网系统智能化管理平台。

(2) 问题与技术需求： 国内很多大中型城市相继建立的各种信息管理系统，由于技术标准、开发工具等不同，导致信息系统的数据结构、数据编码、系统架构不同，缺乏相应的行业数据标准和接口规范，不同管理系统间数据共享困难，存在信息孤岛和重复建设现象，难以实现各系统之间的信息共享和综合分析，而国内的大部分中小供水企业也没有足够的人力和物力来搭建符合自身业务需要的智能化系统。

(3) 技术原理： 建立具有通用性和开放架构的供水管网智能化管理框架，集成各个信息化管理子系统（如管网 GIS 系统、SCADA 系统、管网水力水质模型系统等）、数据采集设备、配套设备等，形成供水管网智能化管理平台，为供水行业安全运行与智能化管理整体水平提升提供技术支撑。

(4) 主要技术内容： 天津市供水管网系统智能化管理平台包括：供水管网数据中心建设，形成涵盖管网 GIS 系统、管网业务系统、SCADA 系统、管网水力水质模型系统等多个子系统的供水管网数据中心；基于 SOA 框架的供水管网智能化平台，建立平台组件化机制，提供统一的业务集成和插件化管理功能；完成供水管网水力水质模型建设，开发管网优化分区、管网压力、流量控制与节能调度、管网水质管理等技术应用服务等。

(5) 运行效果： 该平台连续稳定运行，平台涵盖整体城市供水管网系统，智能化管理平台开发模块产业化应用 20 多个，包括服务水力模拟、水质模拟、运行工况模拟与调度、分区计量管理、应急管理、供水服务、数据中心分析应用等功能，实现供水管网智能化、数字化管理。基于该平台的支撑，缩短管网应急抢修响应时间大约 50%。

(6) 注意事项： 该平台建设不但包括了基本的管网 GIS 系统、SCADA 系统、管网水力水质模型系统等，还有 DMA 分区、调度等个性化的应用扩展内容，企业可根据自身需求进行个性化的应用模块扩展。

案例35 标准内水质指标检测方法优化

以满足《生活饮用水卫生标准》GB 5749 水质指标的检测为目标，开发高通量、高灵敏、低成本、绿色高效的标准化检验方法，对 15 种检测方法进行了提升与优化，参见表 35-1。

标准内水质指标检测方法的提升与优化　表 35-1

方法名称	检测指标	质量标准	标准限值	方法检出限（μg/L）	方法优势
液液萃取/气相色谱-串联质谱法	邻苯二甲酸二（乙基己基）酯	GB 5749	0.008mg/L	0.23	该方法同时检测《生活饮用水卫生标准》GB 5749 中的 4 种塑化剂指标，采用少量萃取剂进行液液萃取，无需浓缩即可检测，整个操作过程可避免塑化剂的引入
	二（2-乙基己基）己二酸酯		0.4mg/L	0.38	
	邻苯二甲酸二乙酯		0.3mg/L	0.21	
	邻苯二甲酸二丁酯		0.003mg/L	0.18	
固相微萃取-气相色谱质谱法	丙烯醛		0.1mg/L	10	适用于生活饮用水及水源水中丙烯醛、丙烯腈、二溴乙烯、五氯丙烷、苯甲醚的多组分同时检测
	丙烯腈		0.1mg/L	10	
	二溴乙烯		0.00005mg/L	0.02	
	五氯丙烷		0.03mg/L	1	
	苯甲醚		0.05mg/L	1	
顶空固相微萃取-气相色谱质谱法	四乙基铅		0.0001mg/L	0.01	解决了双硫腙比色法操作繁琐费时、易受干扰、重复性差、使用剧毒试剂等问题

方法名称	检测指标	质量标准	标准限值	方法检出限（μg/L）	方法优势
固相萃取/气相色谱-串联质谱法	多环芳烃等34种半挥发性有机物	GB 5749	0.002mg/L（总量）	0.8～24	该方法除包含16种多环芳烃，还增加了原方法中没有的噻节因、乙草胺、2,4-滴丁酯、三氯杀螨醇和2,4,6-三氯酚，一次进样即可满足106项中34种半挥发性有机物的检测，提高了检测效率和灵敏度
	28种多氯联苯		0.0005mg/L（总量）	0.4～2.5	该方法在18种检测物质基础上增加了10种多氯联苯同分异构体，共检测28种多氯联苯，并将前处理过程使用浓硫酸改为使用酸性硅胶柱，优化操作过程，提高了回收率和检测效率
固相萃取-气相色谱法	氯化乙基汞		0.0001mg/L	0.01	该方法将填充柱改为选择性高的毛细管柱，并优选出测定氯化乙基汞的专用色谱柱，提高了色谱峰的选择性和灵敏度，避免了基质效应。通过优化前处理方法，提高了回收率
液相色谱-串联质谱检测法	环戊基丙酸		1.0mg/L	0.0007	采用SIM模式直接进样检测水中环戊基丙酸，该方法灵敏度高、简单快速、实际水样加标回收率稳定、抗干扰能力强、适用于生活饮用水及其水源水中环戊基丙酸的分析检测

方法名称	检测指标	质量标准	标准限值	方法检出限（μg/L）	方法优势
液相色谱-串联质谱检测法	丁基黄原酸		0.001mg/L	0.05	该方法快速高效、灵敏度高，检测限低至 0.2μg/L，重复性好，满足供水行业检测要求
	戊二醛		0.07mg/L		建立液质联用法检测戊二醛，该方法前处理简单、灵敏度高，填补了水中低浓度戊二醛检测空白
液相色谱检测法	β-萘酚	GB 5749	0.4mg/L	0.5	通过直接进样-液相色谱-荧光检测器将 α-萘酚和 β-萘酚同时检测，传统液相方法中均使用 α-萘酚的荧光参数，导致 β-萘酚的灵敏度极低。该方法通过优化，确定了两种萘酚各自的最佳荧光参数，经色谱柱分离后采用分段波长进行检测，大大提高了 β-萘酚的灵敏度，该方法灵敏度高，操作简单、快速，抗干扰能力强，适用于生活饮用水及水源水中 α-萘酚和 β-萘酚的分析检测
	硝基苯		0.017mg/L	5	该方法克服了现有检测技术灵敏度低、有机溶剂用量大、前处理繁琐费时等缺点，具有快速高效、灵敏度高、前处理简单、回收率高等优点，适用于生活饮用水及水源水中硝基苯的分析检测

方法名称	检测指标	质量标准	标准限值	方法检出限（μg/L）	方法优势
红外光谱检测法	石棉	GB 5749	700万个/L	—	采用红外光谱定性、相差显微镜定量的石棉检测方法，取代了原有 XRD-扫描电镜的检测方法，该方法经济快速、稳定性好，且不使用昂贵的分析设备，具有较高的普及价值
分光光度检测法	亚硝酸盐		1mg/L	2.5	直接采标，完善现行行业标准
薄膜电导检测法	总有机碳		5mg/L	100	直接采标，对不同仪器和方法的灵敏度、精密度、准确度等性能指标进行考察，筛选适合供水行业需求的仪器类型
离子色谱法	丙烯酸		0.5mg/L	10	开发了直接进样，不需衍生化的离子色谱法，测定下限可达 5.1μg/L。该方法实际水样加标回收率稳定、抗干扰能力强，适用于生活饮用水及其水源水中丙烯酸的检测

案例36 新兴污染物检测方法开发

针对城镇供水行业目前关注较多的新兴污染物，研究开发了6类新兴污染物的高通量检验方法，包括47种农药、25种药物、29种激素、17种全氟化合物、10种致嗅物质、32种毒副产物。参见表36-1。

新兴污染物的检验方法开发 表 36-1

方法名称	检测指标	指标数量	定量限范围（ng/L）
固相萃取-液相色谱-串联质谱检测法	**激素：** 雌酮、17-β 雌二醇、雌三醇、己烯雌酚、己烷雌酚、苯甲酸雌二醇、睾酮、甲睾酮、19-去甲睾酮、去氢睾酮、丙酸睾酮、脱氢睾酮、表睾酮、孕酮、炔诺酮、左炔诺孕酮、甲羟孕酮、醋酸甲地孕酮、羟孕酮、泼尼松、可的松、地塞米松、泼尼松龙、甲基泼尼松龙、4-壬基酚、4-辛基酚、双酚 S、双酚 F、双酚 A	29	0.05～10.2
	药物： 4 种四环素类、3 种氯霉素类、3 种大环内酯类、6 种氟喹诺酮类、7 种磺胺类抗生素和消炎药扑热息痛、精神类药物卡马西平等	25	0.45～20.84
	全氟化合物： 全氟丁酸、全氟戊酸、全氟己酸、全氟庚酸、全氟辛酸、全氟壬酸、全氟癸酸、全氟十一酸、全氟十二酸、全氟十三酸、全氟十四酸、全氟十六酸、全氟十八酸、全氟丁基磺酸钾、全氟己烷磺酸钠、全氟辛烷磺酸钠、全氟癸烷磺酸钠	17	0.024～0.14
液相色谱-串联质谱法	**亚硝胺：** N-二甲基亚硝胺、亚硝基-二乙基胺、N-亚硝基二正丁胺、N-亚硝基二正丙胺、N-亚硝基甲乙胺、N-亚硝基二苯胺、N-亚硝基哌啶、N-亚硝基吡咯烷、N-亚硝基吗啉	9	0.23～2.31

方法名称	检测指标	指标数量	定量限范围（ng/L）
液相色谱-串联质谱法	**卤乙酰胺：** 一氯乙酰胺、二氯乙酰胺、一氯一碘乙酰胺、二碘乙酰胺、一溴一氯乙酰胺、一溴乙酰胺、三溴乙酰胺、二溴乙酰胺、一溴二氯乙酰胺、二溴一氯乙酰胺、三氯乙酰胺	11	9.40～81.20
	农药： 敌草快、禾草敌、西玛津、异丙隆、涕灭威、仲丁威、绿麦隆、氧乐果、阿特拉津、敌敌畏、克百威、久效磷、乐果、特丁津、敌草隆、杀线威、毒莠定、灭草松、敌百虫、内吸磷、甲拌磷、甲基对硫磷、甲草胺、二甲戊灵、异丙甲草胺、乙拌磷、对硫磷、丁草胺、治螟磷、马拉硫磷、氟乐灵、甲基硫菌灵、毒死蜱、烯草酮、茅草枯、二甲四氯、2-甲基-4-氯丙酸、麦草畏、2,4-滴、2,4-滴丙酸、2-甲基-4-氯丁酸、地乐酚、2,4-滴丁酸、2,4,5-涕、五氯酚、2,4,5-涕丙酸、五氯酚	47	0.1～50
气相色谱法	卤代乙腈	4	13.2～181.20
	卤代丙酮	2	
	三卤甲烷	4	
	三氯乙醛	1	
	三氯硝基甲烷	1	
固相微萃取/气相色谱-串联质谱法	**致嗅物质：** 土臭素、2-甲基异莰醇、2,4,6-三氯苯甲醚、2-异丙基-3-甲氧基吡嗪、2-异丁基-3-甲氧基甲基吡嗪、癸醛、乙硫醇、二甲基三硫醚、甲硫醚、二甲二硫	10	3.7～474

案例37 移动水质检测实验室

(1) **工程名称**：国家供水应急救援能力建设项目——移动水质检测实验室。

(2) **问题与技术需求**：目前水质检测以现场采样、实验室检测的方法为主，对于时效性强的水质指标，长距离运输后检测结果的可信度有所减弱。此外，行业内整体监测能力建设不平衡，不少实验室存在缺项。近年来，在应对水质突发污染事件时，亟需能够快速响应的检测技术保障。

(3) **主要技术内容**：以"时效性""稳定性"为监测目标要求，广泛开展城镇供水行业对移动实验室技术和管理需求的调研，以样品的"时效性"和工况应用为依据，设计满足国家标准要求的移动实验室空间布局，集成研发车载大型仪器设备、便携设备及辅助设备设施标准化配置，提出适于移动检测的水质检测指标和移动实验室分级分类功能配置，构建能够实现样品采集保存、现场前处理和现场快速检测的移动水质检测实验室。检测设备配置可参照表37-1进行，设备具体类型、性能和精度应满足国家和行业有关水质检测方法标准的要求。

Ⅰ～Ⅲ级移动实验室等级功能配置表 表37-1

实验室等级及配置		检测能力
Ⅰ级	恒温培养箱、定量盘封口机、便携式浊度仪/水浴锅、便携式余氯仪、便携式臭氧仪、便携式多参数仪、便携pH计、电感耦合等离子体质谱仪、离子色谱仪、吹扫捕集仪＋气相色谱-质谱联用仪、固相萃取＋气相色谱-质谱联用仪、固相微萃取＋气相色谱-质谱联用仪、固相萃取仪＋液相色谱、万分之一电子天平	《地表水环境质量标准》GB 3838全部指标 《地下水质量标准》GB/T 14848全部指标 《生活饮用水卫生标准》GB 5749全部指标 《二次供水设施卫生规范》（GB 17051） 对城镇供水水质突发污染事故，具有特征污染物的定性分析和未知污染物的筛查能力；具备水源水质综合性指标、部分特征在线监测能力

实验室等级及配置		检测能力
Ⅱ级	恒温培养箱、定量盘封口机、便携式浊度仪/水浴锅、便携式余氯仪、便携式臭氧仪、便携式多参数仪、便携pH计、电感耦合等离子体质谱仪、离子色谱仪、吹扫捕集仪＋气相色谱-质谱联用仪、万分之一电子天平	《地表水环境质量标准》GB 3838表1和表2 《地下水质量标准》GB/T 14848表1 《生活饮用水卫生标准》GB 5749表1和表2 《二次供水设施卫生规范》GB 17051
Ⅲ级	恒温培养箱、定量盘封口机、便携式浊度仪/水浴锅、便携式余氯仪、便携式臭氧仪、便携式多参数仪、便携pH计、万分之一电子天平	浊度、色度、臭和味、肉眼可见物、COD_{Mn}、氨氮、细菌总数、总大肠菌群、粪大肠菌群、耐热大肠菌群、pH、消毒剂余量及《二次供水设施卫生规范》GB 17051中选测和增测项目

(4) 运行效果：2020年7月21日—7月28日，湖北恩施清江上游屯堡乡马者村沙子坝发生滑坡，恩施市保障城市居民用水水厂的取水浊度远超国家标准，城区水厂供水中断，45万名群众供水受到影响。住房和城乡建设部启动国家供水应急救援华中基地开展应急救援工作，集结了包括2台移动式水质检测车的应急队伍，赴恩施进行应急供水驰援。充分发挥了移动水质检测实验室快速、便捷等优势，及时高效地弥补了当地监测部门检测资源的不足，完成了现场4台应急净水车七天六夜、累计1459.5t出水、204样次的水质检测，满足恩施城区居民的基本生活饮用水需求。

(5) 注意事项：移动检测车到达现场后，在开展现场检测前需要对移动后的车载设备状态及检测方法进行确认，保证移动检测结果的精准度。

案例 38　城市供水水质监测预警系统——济南

(1) 工程名称：济南市城市供水水质监测预警系统。

(2) 问题与技术需求：一是济南市为多水源供水，水质问题复杂多变；二是在线监测能力薄弱，未能覆盖全市；三是存在信息条块化、资源不共享等问题。为实现对突发性水质事故的提前预警和及时报警，需建立济南市城市供水水质监测预警系统。

(3) 工艺流程：见图 38-1。

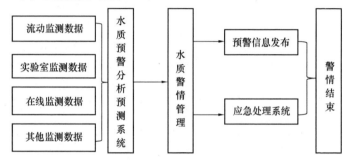

图 38-1　济南市城市供水水质监测预警系统工艺流程图

(4) 主要技术内容：采用"全流程水质预警多源信息集成技术"，集成单一指标监测预警（趋势、时序、空间等）、多指标监测预警（相关性、回归、聚类等）和生物监测预警（发光菌、斑马鱼、青鳉鱼等）等技术，构建了基本信息数据库、水质评价数据库、水质预警数据库、水质仿真数据库、警情事件数据库、警情发布数据库和多源水质数据库，实现了整体规划、统一编码和中间转换规则；开发了全流程水质预警地理信息支撑技术，包含基于 XML 的水质预警空间数据交换机展示技术、基于 WebGIS 的水质污染场景动态渲染技术，有效展示了饮用水水质预警数据的时空变化特征，实现了水质预警数据管理、分析和维护。将水质安全评价、前台技术、后台支撑技术综合集成，形成水质监测预警系统，其工作原理见图 38-2。

(5) 运行效果：结合实际业务需求，通过城市供水系统在线监测关键技术的集成建设,实现了供水系统多源异构信息的采集传输,建立了涵盖水源地、水厂、管网、二次供水等的水质在线监测网，其中，水源监测点 9 个、出厂水在线监测点 11 个、管网水在线监测点 66 个（水质在线监测项目见表 38-1），实现了对供水系统的全流程监测，及时和动态掌握了水源水质状态、输水过程中污染情况以及水厂制水和管网输配过程中的水质污染变化状况。该平台可全天候监控城市供水系统水质变化情况，每月接收约 110 万条实时数据，并对其进行分析管理，形成日报、周报和月报，同时对异常数据进行预警报警等，实现了对突发性水质事故的提前预警和及时报警，加强了城市供水系统水质监测及信息化对应急处理处置的技术支撑。

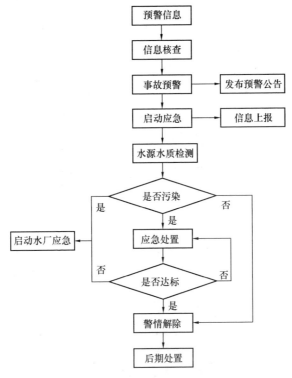

图 38-2　济南市城市供水水质监测预警系统工作原理图

水质在线监测项目		表 38-1
监测对象	监测点位置	监测指标
水源水	水库取水口	COD_{Mn}、氨氮、常规五参数、叶绿素、藻类计数及分类、综合毒性、在线生物预警（生物鱼行为强度）、总磷、总氮、TOC、石油、全光谱扫描
进厂原水	进厂原水管道口	在线生物预警、常规五参数
出厂水	水厂出水泵房	消毒剂余量、浊度、pH
管网水	管网水在线监测点（包括二次供水单位）	消毒剂余量、浊度、pH

(6) 注意事项：水质监测预警系统要根据水质数据的积累对模型进行校核，提高预警准确性。

案例 39 金泽水源地水质水量监测预警业务化平台

(1) 工程名称：跨区域、跨部门金泽水源地水质水量监测预警业务化平台。

(2) 问题与技术需求：水源地取水安全是原水保障的第一道关卡，金泽水源地位于江浙沪交界的长三角生态绿色一体化发展示范区，是典型的平原河网地区，易受区域工业、农业、面源污染排放的影响，存在重金属、石油类、有机物等污染风险。如何加强水源地取水口水质监测预警，并通过区域、流域的水源地联合保护和上下游之间的联动调度，保障水源地的取水安全，是水源水质保障的关键问题。

(3) 工艺流程：见图 39-1。

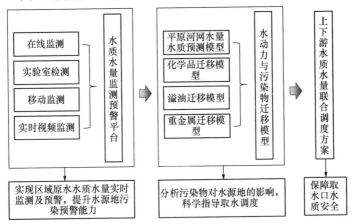

图 39-1 上海金泽水源地水质水量监测预警业务化平台工艺流程图

(4) 主要技术内容：集成在线监测、实验室检测、移动监测、实时视频监测等多手段水质监测体系，整合接入区域内上海市水务局、上海城投原水有限公司、水利部太湖流域管理局、苏州市吴江区环保局等多部门的水质监测数据和污染风险源数据，建设了金泽水源地跨区域、跨部门的水质水量监测预警业务化平台，对水源地沿程及主要支流水质开展监测及预警；构建了太浦河危化品、溢油、常规水质、重金属模拟模型，通过模型模拟常规水质（氨氮、耗氧量）超标、突发水污染事件（重金属、油类、化学品）中污染物在不同工况下的迁移、降解、浓度变化过程，并与水动力模型进行无缝耦合，分析污染物对水源地取水口水质超标时间、超标时长等的影响，实现了突发水污染事件模拟业务化、快捷化；根据模拟结果，结合当前水雨情，以水源地取水安全为目标，制定了太浦闸—金泽水库—松浦大桥的上下游联动调度技术方案，确保水源地取水口水质在 48 h 内恢复正常，或依据调度实施效果决定是否启用备用水源，为保障水源地取水安全和突发污染风险防控提供技术支撑。

（5）运行效果：跨区域、跨部门金泽水源地水质水量监测预警业务化平台通过整合上海、江苏等相关省市环保、水务部门的水质监测数据，完善了上海"两江四库"水源联动，突破了流域层面的水源地水质水量监测预警与联动调度，体现了流域协同在水源保护上的作用，有效提升了水源地污染预警能力，达到了避污蓄清、减少突发污染影响的目的，保障了水源地的取水安全，具有很好的示范性。平台目前具备上下游沿线 21 个监测点位、160 多项指标的实时监测能力，其中，藻类、浊度、pH 等 10min 更新一次数据，氨氮、高锰酸盐指数 4h 更新一次数据，总氮、总磷、锑等指标 6h 更新一次数据；突发污染物迁移模型预报作业时间最短可缩短至 3h，并通过上下游联动调度方案，保障在突发污染时水源地取水口水质在 48h 内恢复正常。该平台在金泽水库锑污染等水质问题的监测预警与原水调度中发挥了关键作用。

（6）注意事项：跨区域、跨部门水源地水质水量监测预警平台的构建需要区域、流域协同，通过政府间协调整合相关数据资源。

案例 40　城市供水应急预案编制

(1) **案例名称**：无锡市自来水总公司供水应急预案编制案例（2012年）。

(2) **案例背景**：无锡市自来水总公司对照《城市供水突发事件应急预案编制指南》的框架要求和说明，结合无锡市市政府开展的"应急管理能力提升年"和"突发事件预防预警年"活动的实施意见，对供水应急预案进行了编制修订。

(3) **主要技术内容**：分析供水存在的问题，对突发事件进行分类，编制相应的专项应急预案；针对现状，梳理加强预防预警工作；组织成立供水突发事件应急机构，并规定各工作机构的分工和职责；通过应急案例分析，总结各类不同突发事件的应对措施、应急过程、应急解除等内容；同时为保证应急预案的科学性、完整性、可操作性，对编制完成的应急预案进行应急演练。

(4) **运行效果**：无锡市自来水总公司将供水应急预案成功运用在锡澄水厂出厂管抢修等事件中。信息上报及时畅通，应急动作迅速有效，事件的影响程度控制有力，事后的善后处置工作积极稳妥、深入细致，保障了居民用水安全和财产安全。

(5) **注意事项**：供水应急预案需根据情况发展及时进行更新。

案例 41　化学沉淀应急处理技术应用

（1）案例名称：四川省广元市应急除锑净水案例。

（2）案例背景：2015 年 11 月底甘肃陇星锑业有限责任公司发生尾矿泄漏事件，对甘肃、陕西、四川三省产生影响。在此次事件中，饮用水水源受影响的主要是四川省广元市。广元市自来水厂取水点处锑浓度最高达 0.021mg/L（超标 3.2 倍），影响广元市的城市供水安全。

（3）工艺流程：见图 41-1。

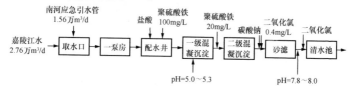

图 41-1　四川省广元市应急除锑工艺流程图

（4）主要应急措施：

1）紧急启用原有地下水源井供水（供水量约 3 万 m³/d），因为地下水与嘉陵江连通，所以不能持续足量供水；

2）附近小水厂为邻近地区供水，只解决了 0.8 万 m³/d 的供水量；

3）当地政府紧急建设南河引水管稀释西湾水厂进厂水，进厂水 4.32 万 m³/d，其中稀释水 1.56 万 m³/d，稀释水量约占总水量的 1/3；

4）西湾水厂（处理水量 4.32 万 m³/d）应急除锑净水：自来水厂应急除锑采用弱酸性铁盐混凝沉淀法除锑技术，即在弱酸性条件下，利用氢氧化铁胶体表面带有的高密度正电荷对带负电的锑酸根（五价锑）进行电性吸附，通过混凝沉淀去除水中的锑。为此，混凝剂从原有的聚氯化铝改为液体聚合硫酸铁，并利用厂内二氧化氯发生器的盐酸储罐对进厂水加酸调 pH。该厂设有二级混凝沉淀，除锑效果更好、更稳定。采用滤前回调 pH，而不是滤后回调，保证了铁的稳定达标。滤前加二氧化氯氧化过滤除锰，去除大剂量铁盐混凝剂带入的杂质 Mn²⁺，保证色度和锰达标。滤前用碳酸钠回调 pH，补充碱度，保持了管网水的化学稳定性。

（5）运行效果：应急处理运行约 1 个月，进厂水锑浓度最高达 15μg/L，出厂水锑浓度最高为 4μg/L，一般情况下在 2～3μg/L，市区供水管网水质稳定，未发生水质异常问题。

（6）注意事项：该技术所能应对的锑浓度最高约为 0.025mg/L，即最大应对超标倍数约为 4 倍。

案例 42 藻类暴发综合应急处理技术应用

(1) 案例名称：无锡市水危机除臭应急处理案例。

(2) 案例背景：2006 年 5 月 28 日开始，无锡市自来水的太湖南泉水源地的水质突然恶化，水源水嗅味种类为恶臭，水中含有大量的硫醇硫醚类、醛酮类、杂环与芳香类化合物，此外水源水中的氨氮、有机物浓度也很高，COD_{Mn} 浓度达到 15～20mg/L，造成自来水带有严重臭味。

(3) 工艺流程：见图 42-1。

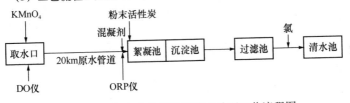

图 42-1 无锡市水危机除臭应急处理工艺流程图

(4) 主要技术内容：在取水口处投加高锰酸钾，使其在输水过程中氧化可氧化的致嗅物质和污染物；再在净水厂絮凝池前端投加粉末活性炭，使其吸附水中可吸附的其他嗅味物质和污染物，并分解可能残余的高锰酸钾。为避免产生氯化消毒副产物，停止预氯化（停止在取水口处和净水厂入口处加氯）。高锰酸钾和粉末活性炭的投加量根据水源水质情况及运行工况进行调整，并逐步实现了关键运行参数的在线实时检测和运行工况的动态调控。

(5) 运行效果：随着水源水质的好转，2006 年 6 月 5 日下午开始逐步减少高锰酸钾投加量；6 月 6 日 2：00 以后，停止了在取水口处投加高锰酸钾，即从应急除臭处理工艺运行恢复至事件前的正常运行状态。应急处理高锰酸钾投加 3～5mg/L，粉末活性炭投加量 30～50mg/L，所增加的运行费用为 0.20～0.35 元/m³。

(6) 注意事项：高锰酸钾的投加量应根据原水水质及时调整，防止不足或过量。

案例 43　供水应急救援技术应用

（1）案例名称：国家供水应急救援能力建设项目。

（2）问题与技术需求：近年来，我国自然灾害和水质污染事件频发，先后发生了汶川地震、玉树地震、芦山地震、舟曲泥石流等大型自然灾害，造成巨大的人员伤害和财产损失。灾后往往造成供水设施严重损坏，水源水质污染，原水浊度异常升高，造成当地停水，受灾人口数量大，需要开展供水应急救援。

（3）主要技术内容：2016 年，住房和城乡建设部启动实施"国家供水应急救援能力建设"项目，在辽宁抚顺、山东济南、江苏南京、湖北武汉、广东广州、河南郑州、四川绵阳、新疆乌鲁木齐 8 个城市建设国家应急供水救援中心，设置保养基地，各配备一套应急供水装备。每套装备包括 5m³/h 移动式应急净水装置 4 台、有机物及常规指标水质监测装置 1 台、重金属及常规指标水质监测装置 1 台、应急保障装置 1 套（包括通信工具、动力保障、照明及物资材料储备、水样采集设备等）。住房和城乡建设部城市供水水质监测中心配备信息管理及应急指挥保障装置 1 套。

应急装备所在地省级住房城乡建设（城市供水）主管部门、市级住房城乡建设（城市供水）主管部门指导监督辖区内应急装备的维护保管和应急演练，解决辖区内应急装备承接单位在日常维护和应急救援中遇到的问题。应急装备承接单位负责所在区域应急装备的维护保管和应急演练，并按照相关指令具体承担供水应急救援工作。各应急装备所在地的省级、市级住房城乡建设主管部门、承接单位应制定有关应急装备的管理制度。

应急装备的使用管理采用申请备案制。因突发事件调度使用应急装备的，应按照《国家应急供水救援装备管理暂行办法》的相关规定提出申请；由应急装备所在地省级住房城乡建设主管部门调度使用或者因日常维护、应急演练等需要动用应急装备的，应按照该办法的相关规定进行备案。

（4）运行效果：2020 年 7 月 21 日，湖北恩施清江上游发生滑坡，导致水源地浊度增高，恩施城区基本全面停水，45 万名群众供水受到影响。住房和城乡建设部紧急启动位于武汉的华中基地的供水应急救援装备前往现场制水，7 月 22 日—7 月 26 日，4 台应急制水车累计制水 1459.5t，2 台水质检测车累计检测 204 样次水质，所有检测结果均合格。

（5）注意事项：应定期对应急装备进行维护保养，保持应急装备的正常运行。

案例 44　城市供水安全监管平台——河北省

(1) 案例名称：河北省城市供水全过程监管平台。

(2) 背景与技术需求：河北省共有 11 个设区市和 121 个县（市），各地供水管理体制机制和监管业务存在差异。在"十二五"期间河北省建设了省级"城市供水水质监管信息系统"，但该系统以水质管理为主，对其他供水监管业务的支撑有限。南水北调工程通水后，由于需要经常性应对南水北调水源水质、水量变化导致的水源切换、供水系统调控等问题，亟需通过现代化信息手段为数据共享和辅助决策提供专业支持。

(3) 建设目标：构建河北省城市供水全过程监管平台，通过河北省市两级城市供水监管平台综合技术示范，实现河北省级供水监管平台的业务化运行，并实现与南水北调输水水质监测预警信息的共享。

(4) 主要技术内容：全面解析河北省城市供水监管需求，建立各类供水监管业务的业务逻辑流程及数据传输流程；按照统一的数据标准和平台结构设计标准，开展河北省监管业务的总体设计与功能模块研发；整合既有供水业务管理系统、南水北调中线水质监测预警系统的相关数据，搭建河北省城市供水基础信息数据库；与河北移动－政务云对接，实现供水安全"云上监管"。

(5) 运行机制：

1) 明确了平台的责任主体。"河北省城市供水全过程监管平台"由河北省住房和城乡建设厅统筹管理，负责省级平台的建设、运行和管理；市（县）供水主管部门负责城市级平台的建设、运行和管理；河北省城乡规划设计研究院、北京神舟航天软件技术有限公司负责专业技术支持。

2) 纳入了河北政务云体系。"河北省城市供水全过程监管平台"纳入了河北政务云体系，由河北移动－政务云负责平台日常运行维护服务，保障了平台的长效运行。

3) 建立了运维管理机制。2020 年河北省住房和城乡建设厅印发了《关于规范和加强河北省城市供水全过程监管平台建设运行管理的指导意见（暂行）》（冀建城建函〔2020〕115号），要求各地建立健全配套的运行维护管理制度，设置专职岗位和人员，安排供水监管平台升级改造及运维所需经费；并将供水监管平台填报和应用情况纳入相关考核体系，作为供水考核评价的重要依据，进一步提升了平台的规范化管理水平。

(6) 运行效果： 平台用户包括166个市、县（市、区）城市供水主管部门、204家供水企业及305座水厂，实现了对河北省所有城市、县城的全覆盖。截至2020年3月，共接收城市供水基础信息33万余条，各类水质数据近130万条，完成了与南水北调中线输水水质预警业务化管理平台的对接，实现了平台的业务化、常态化运行，显著提高了河北省城市供水管理信息化水平。

案例 45　供水系统全过程水质风险管控体系构建

(1) 案例背景：为保障饮用水从"源头"至"龙头"的水质安全管理技术整体提升，自 2009 年起以梅林水厂为试点，对水质净化过程进行风险识别与评估，并提出相应控制措施。历经 10 年，进一步拓展至原水、管网输配过程及二次供水各个环节，形成了系统化水质管控体系。目前，已将深圳市水务（集团）有限公司的全过程水质风险管控经验做法写入深圳市地方标准《生活饮用水水质风险控制规程》DB4403/T 204—2021 中。

(2) 组建工作团队：组建由企业领导，生产技术部、管网运营部负责人，工艺工程师、管网技术工程师及其他专业工程师，安全主任、化验班长和运行班长等一线工作人员组成的工作团队。

(3) 水质风险识别：

1）准备技术文档

① 涉水材料描述（部分），见表 45-1。

涉水材料描述（部分）　　　　　　　　　　表 45-1

序号	名称	成分（有效成分）	物理、化学特性	使用前	运输及贮存要求	接收准则
1	碱铝（聚氯化铝）	聚氯化铝中有效成分氧化铝质量分数≥10.0%	1. 物理特性：无色或黄色、褐色黏稠液体，盐基度 40.0%～90.0%，20℃时密度≥1.12g/cm³，水中不溶物质量分数 ≤20%，10g/L；2. 化学特性：水溶液 pH 在 3.5～5.0	加水稀释	槽车运输；贮存在通风、干燥的库房内	《生活饮用水用聚氯化铝》GB 15892
2	石灰	$Ca(OH)_2$ 含量不小于90%；游离水含量 0.4%～2%	1. 物理特性：白色粉末；体积安定性合格；细度 0.125mm 筛余≤5%；2. 化学特性：重金属（以 Pb 计）≤10mg/kg	加水稀释	汽车运输；贮存于阴凉、通风的库房	《食品添加剂 氢氧化钙》GB 25572

序号	名称	成分（有效成分）	物理、化学特性	使用前	运输及贮存要求	接收准则
3	次氯酸钠	有效氯含量≥10%；游离碱（以NaOH计）含量在0.1%～10%之间	1. 物理特性：有刺激性气味，浅黄色液体。 2. 化学特性：易液化能溶于水，是活泼的非金属单质和强氧化剂；铁(Fe)≤0.005%；重金属（以Pb计）≤0.001%；砷(As)≤0.0001%	加水稀释	槽车运输；贮存在通风、阴凉的仓库，避免阳光照射等	《次氯酸钠》GB 19106

② 供水系统描述，见表45-2。

供水系统描述 表 45-2

执行标准	水处理方式	贮存方式	供给区域	输送要求	预期用户	与供水水质安全有关的化学、生物和物理特性
《生活饮用水卫生标准》GB 5749	常规处理＋臭氧生物活性炭深度处理工艺	不间断生产供水	梅林线日供水能力为60万m³，供水范围东起彩田路，西至大沙河（北环以北的桃园龙珠片区除外），服务人口约300万人	密闭管道加压输送	水是供给全体人口的。预期用户不包括免疫系统有重大问题的居民用户或有特殊水质需求的工业用户	水质指标符合《生活饮用水卫生标准》GB 5749要求。出厂水需符合深圳市水务（集团）有限公司内控工作指引要求：色度＜10，pH为7.2～8.5，浊度≤0.2NTU，游离氯为0.5～1.0mg/L，铝≤0.15mg/L，铁≤0.1mg/L，锰≤0.02mg/L，细菌总数≤10 CFU/mL，总大肠菌群不能检出

③ 绘制工艺流程图，见图45-1。

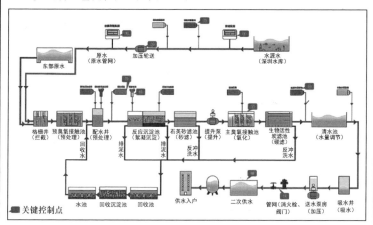

图45-1 供水系统全过程水质风险管控体系工艺流程图

2）供水系统风险识别

系统考察供水系统全过程，共识别出110个水质风险（原水水质风险22个，水质净化处理水质风险58个，管网输配及二次供水水质风险30个）。

（4）水质风险评估：对识别出的110个水质风险的可能性及严重性分别赋值，计算风险值，其中高/很高等级风险合计13个，赋值结果见表45-3。

高/很高等级风险赋值结果 表45-3

工艺步骤		高/很高等级风险	可能性×严重性	风险值
原水	水源水接收	pH异常	3×4	12
	加压输送	有毒有害物质	3×4	12
	投加次氯酸钠	贝壳类生物繁殖	3×4	12
水质净化处理	原水接收	有毒有害化学物污染	2×5	10
		嗅味异常	3×3	9
	碱铝投加	铝超标	3×4	12
		浊度异常	3×4	12

工艺步骤		高/很高等级风险	可能性×严重性	风险值
水质净化处理	石灰投加	铝超标	3×4	12
		pH异常	3×4	12
	生物活性炭滤池	桡足类生物异常繁殖	4×3	12
	主加次氯酸钠	耐热大肠菌群等繁殖	3×4	12
管网输配		管网新建、改造及维护抢修时浊度超标	3×3	9
二次供水		微生物超标	3×3	9

（5）风险控制：将识别出的供水系统 13 个高/很高等级风险所在环节确定为关键控制点，合计 10 个关键控制点（见图 45-1），并制定水质风险管控计划，持续在日常工作中实施监测、控制和验证，水质风险管控计划（部分）见表 45-4。

水质风险管控计划（部分）　　　　表 45-4

关键控制点	高/很高等级风险	关键限值	监测措施				控制措施
			对象	方法	频率	监控者	
水源水接收	pH异常	6.5≤pH≤8.5	pH	在线仪表	实时监测	运行员工	1. 及时发送预警短信，通知下游水厂根据实测值调整工艺； 2. 现场维护人员及时与便携式仪表进行比对； 3. 检查故障仪表，及时采取措施恢复正常
生物活性炭滤池	桡足类生物异常等繁殖	根据检测要求不得检出活体	每格炭滤池测压管出水	化验室人工检测	每周2次	化验员	1. 炭滤池反冲洗水加次氯酸钠（3mg/L）； 2. 对严重的炭滤池进行含次氯酸钠水浸泡

关键 控制点	高/很 高等级 风险	关键 限值	监测措施				控制措施
			对象	方法	频率	监控 者	
主加 次氯 酸钠	耐热大 肠菌群 等繁殖	炭滤后水 游离氯为 0.7~ 1.2mg/L	炭滤后 水游离氯	在线 仪表	实时 监测	运行 员工	1. 调整主加氯量， 适时启动清水池后补加 氯； 2. 根据水质状况及 时采取相应行动
二次 供水	微生物 超标	水池/ 水箱余 氯值在 0.05mg/L 以上	水池/水箱 余氯值	现场 检测	每周 1次	现场 负责人	1. 余氯值发生偏离 时，对水池、水箱的水 进行排放，导入新鲜的 饮用水，直至检测合 格； 2. 如余氯仪发生异 常，立即更换，确保测 定水质可靠再使用

（6）风险管控效果评价：深圳市水务（集团）有限公司构建了从"源头"至"龙头"的风险管控体系，有效地控制了原水嗅味异常等13个高风险因子，并在日常运行管理工作中持续实施与优化，保障了供水水质稳定、安全和达标。

案例 46　江苏省区域供水绩效评估

(1) 案例背景:"十二五"水专项供水绩效课题组以江苏省作为典型区域进行供水绩效评估示范应用研究,2017 年在江苏省供水安全保障中心组织协调下,选择南京水务集团有限公司、镇江市自来水有限责任公司、张家港市给排水有限公司和徐州首创水务有限责任公司四家示范水司开展了供水绩效评估工作。

(2) 绩效指标体系构建:从服务类、运行类、资源类、资产类、财经类和人事类六个维度构建绩效指标体系,共计 22 个定量指标,123 个定性指标,见图 46-1。

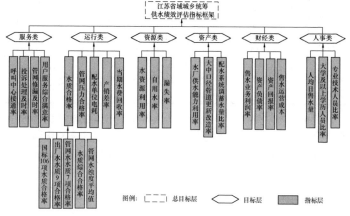

图 46-1　绩效指标体系

(3) 评估过程:

1) 开展数据采集培训和指导。

2) 收集示范水司 2014—2016 年的绩效数据信息表。

3) 组织专家团队现场考察:将专家组分为管理组和运行组,分别对水司财经、人事、资产和服务、运行、资源三方面相关部门填报的数据进行核对,对相关材料进行审阅;对水司调度室、营业所、水厂等地进行实地调研,现场问询。专家组集体讨论打分并形成初步综合考核意见,并将综合考核意见现场反馈给示范水司。

4）编制评估报告与反馈：根据现场考察结果，编制完成绩效评估报告，给出评估结论与绩效提升建议，并就评估结果与水司进行沟通交流。

（4）评估结果：江苏省参与综合评估的四个示范水司，绩效得分是1个优秀、3个良好，表明江苏省示范水司有较好的管理基础，各类绩效管理工作做得比较规范到位。

（5）评估建议：

1）建议推进针对供水服务客户服务满意度调研的第三方评价工作，以强化水务企业的客户服务意识。

2）压力合格率指标在实际执行过程中，缺乏统一的行业标准，建议在城市层面进一步明确压力合格标准的设定及工作流程。

3）从保护水资源的角度，建议加强原水和水厂自用水率的计量工作，包括原水加装流量计、加强自用水的计量等。

4）目前各公司的售水业务普遍亏损严重，一般通过工程或其他利润来弥补。建议在水价构成的设计层面，注意相关问题并进行合理引导。

5）建议加强管网资产的管理工作，包括强化 GIS 系统的数据维护和深入应用，加强更新改造管网的统计分析以及中长期的管网更新改造计划。

6）建议进一步推动供水信息化平台的顶层设计，为未来的智慧水务奠定基础。

案例 47　江苏省城乡统筹区域供水示范

(1) 基本情况

改革开放以来江苏省工业化、城镇化迅速发展，水质型缺水问题日益突出，用水供需矛盾越来越尖锐，乡镇尤其是农村地区供水基础设施数量不足、没有建立健全的供水系统，城乡供水已成为阻碍社会和经济可持续健康发展的主要原因。江苏省城乡供水主要存在以下问题：

1) 水源污染严重，原水水质缺乏保障。

分散式供水模式下，江苏省多数镇村水厂以就近的内河为水源地。很多企业废水超标排放，致使水体污染严重，内河水水质普遍下降为Ⅲ～Ⅴ类，大部分已不适合作为饮用水水源。

2) 地下水过度开采，地面沉降加剧。

许多镇村水厂以深井为水源地，补给十分困难，开采后极易引起地面沉降，危及人民生命财产安全和国家重大基础设施的运行安全。

3) 镇村供水基础设施薄弱，管理水平低，供水安全缺乏保障。

镇村水厂建设年代较长，生产设施陈旧，制水工艺落后，管理水平低，缺乏日常水质监控措施，且部分私营业主单纯追求经济利益，不愿意也没有能力对供水基础设施进行大规模投入，导致供水水质、水量、水压和时间得不到保证，严重影响农村居民生活质量，群众饮水需求难以有效满足。

(2) 具体措施

经广泛调研，结合全省经济发展、城镇分布、地形、水系分布等省情特点，针对水质型缺水特征和城乡供水不均衡状况，制定城乡统筹区域供水策略。以城市供水系统为基础，优化水源布局，建设区域水厂，将供水管网向乡镇和农村延伸，撤并水源条件差、供水不安全的乡镇、农村小水厂，从根本上解决城乡居民饮用水安全问题。

对江苏省 52 个供水片区采用非系统聚类法（K-均值聚类法），以单个水源地服务面积、单个水源地服务人口和单个水源地规模作为分类指标，将江苏省的供水片区分为三类，分别为：适度集中供水规划模式、中度集中供水规划模式、高度集中供水规划模式。不同供水规划模式基本情况对比见表 47-1。

不同供水规划模式基本情况对比									表 47-1
规划模式	水源地个数	取水规模（万 m³）	人口密度（人/km²）	GDP（亿元）	人均GDP（万元/人）	供水规模（万 m³/d）	单位供水规模服务面积（km²）	水厂个数	单个水厂服务面积（km²）
适度集中供水规划模式	3.64	198.91	1021.46	4270.61	23.29	154.95	13.98	4.82	405.98
中度集中供水规划模式	2.22	28.07	723.55	976.99	7.80	26.89	96.47	2.58	845.90
高度集中供水规划模式	1.00	13.25	537.20	615.61	4.96	16.25	165.02	1.50	1967.94

适度集中供水规划模式适用于南京市区、无锡市区等 11 个供水片区，该地区多属长江太湖流域，经济发达、人口密度高，取水供水规模大，每个供水片区具有多个水源（3.64 个）可供选择并具有多个水厂（4.82）提供供水服务；中度集中供水规划模式适用于宜兴市区、徐州市区等 36 个供水片区，该地区多属淮河流域，经济较发达、人口密度较高，工业发展较为成熟，每个供水片区具有较多个水源（2.22 个）可供选择；高度集中供水规划模式适用于东海县等 5 个供水片区，该地区经济较为落后，人口密度低，每个供水片区可供选择水源较少（1.00 个）。

（3）应用成效

截至 2017 年年底，江苏省城乡统筹区域供水覆盖率为 99%，其中苏南、苏中地区基本实现了城乡统筹区域供水全覆盖，苏北地区覆盖率达 96%。城乡统筹区域供水通水乡镇和农村受益人口约 4451 万人。城乡统筹区域供水主要结合水源、地形、经济、人口密度等条件，依托水源、工艺、管理等方面具有优势的城市水厂，通过供水管网延伸向乡镇和农村供水，逐步淘汰水源受限、工艺简陋、设备老化、管理薄弱的农村、乡镇小水厂，从根本上在水源、设施、服务等方面改善乡镇和农村供水条件，保障供水安全。2017 年，8029 万江苏人以长江、太湖、京杭运河等为主要水源，生活和部分工业用水主要依靠 139 座城市公共水厂供应，供水总能力达到 2829 万 m³/d，年供水总量达 70.14 亿 m³。

案例48 农村净水装置标准化、系列化设计与应用

(1) 工程名称与规模：海南省澄迈县黄竹村供水改造工程，240m³/d。

(2) 问题与技术需求：未经处理的井水直接供给村民，水体中细菌总数、总大肠菌群数、浊度严重超标。

(3) 主要技术内容：该工程中采用一体化PVC超滤设备对原有供水模式进行改造，将原有"水井—水塔—供水点"的供水模式改造为"水井—预过滤器—超滤膜设备—加氯—水塔—供水点"的供水模式。该型设备具有以下特点：

1）标准化、系列化、装备化的设计

以模块化、自动化、标准化的设计理念设计制造出装备化压力式的PVC超滤设备，该设备由超滤膜组件、增压系统、预过滤系统、反洗系统、自控系统、仪器仪表等构成，可通过改变膜组件数量调整处理规模（50～1000m³/d不等）。设备中安装有PLC系统和远程监控系统，整个设备可以做到无人值守、自动化运行。

2）采用新型PVC超滤膜材料与膜组件

采用压力式超滤膜，实际运行水通量均值为60L/(m²·h)，拉伸强度为281N（远高于原有PVC超滤膜的9N）。经模拟测试表明，新型PVC超滤膜工程使用寿命至少为6年，通量衰减率为14.2%～16.6%。超滤膜组件采用一端封闭并呈自由散开的设计方式，有效改善了膜组件底部积泥与膜丝断裂的问题，提高了膜组件的抗污染性能。膜组件的顶部采用带有O型密封圈的快插式设计结构，便于工程的运行维护。

3）运行与维护保障率高

针对海南农村地区项目分散、运行管理水平低的问题，组建专业的售后服务团队并提供定制化售后服务方案，采用定期巡查（平均周期45d）以及回访（每14d）的方式对设备进行维护与检修，极大地提升了设备的供水保障率。

(4) 运行效果：改造前细菌总数680CFU/mL左右，总大肠菌群数340CFU/mL左右，改造后微生物指标均未检出，浊度由改造前的14NTU降至0.5NTU左右。

(5) 注意事项：超滤膜组件需要定期维护与更换以保证设备的运行效果。

案例 49　海岛超滤与反渗透膜技术联用净水装置应用

(1) 工程名称与规模： 舟山湖泥岛社区海岛苦咸水淡化/淡水一体化净化工程，120m³/h。

(2) 问题与技术需求： 湖泥岛社区居民饮用水主要来自坑道井和后岙山塘水库。后岙山塘水库水质季节性变化较大，丰水季节为淡水，水体盐度呈明显立体分布差异。水体中大肠杆菌群落总数、浊度、色度超标严重。

(3) 工艺流程： 见图 49-1。

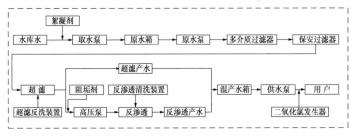

图 49-1　舟山湖泥岛社区海岛苦咸水淡化/淡水
一体化净化工程工艺流程图

(4) 主要技术内容： 针对水库水质特点，设计了海岛苦咸水淡化/淡水净化一体化装置，该装置结构紧凑，占地面积仅为 30m²，由反渗透/超滤膜组件并联组成，采用加药（絮凝剂）＋多介质过滤器作为预处理，采用 PLC 自动控制系统集中控制，可全自动运行。该装置可根据不同季节含盐量不同和不同地区原水含盐量不同来调整反渗透装置和超滤装置前的阀门，从而达到节能与获得适宜饮用水的目的。

(5) 运行效果： 出水水质满足《生活饮用水卫生标准》GB 5749 要求，同时针对水体季节性含盐量不同的特点，采用超滤、反渗透并联的设计，降低了能耗，吨水电耗小于等于 0.9kWh。

(6) 注意事项： 膜组件需要定期清洗与更换，以保证设备的运行效果。

案例50 农村集成式一体化净水装置应用

(1) 工程名称: 湖州安吉农村饮用水达标提标工程。

(2) 问题与技术需求: 安吉县农村地区原水浊度变化较大,一般在8NTU左右,夏季洪水期间(6—7月份)水质差,浊度可达1000NTU。

(3) 工艺流程: 见图50-1。

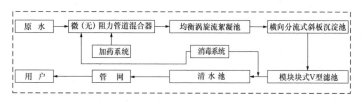

图50-1 一体化净水装置工艺流程图

(4) 主要技术内容: 采用一体化净水装置为主体的净水工艺作为各个乡镇供水点的处理工艺,各村镇水厂或水站一体化净水装置设计规模为$120 \sim 2400 \mathrm{m}^3/\mathrm{d}$,共采用45台$120 \mathrm{m}^3/\mathrm{d}$、52台$240 \mathrm{m}^3/\mathrm{d}$、12台$480 \mathrm{m}^3/\mathrm{d}$、5台$720 \mathrm{m}^3/\mathrm{d}$、2台$960 \mathrm{m}^3/\mathrm{d}$、1台$1800 \mathrm{m}^3/\mathrm{d}$和1台$2400 \mathrm{m}^3/\mathrm{d}$的不锈钢一体化净水装置对全县118座农村供水站进行改造(图50-2)。该设备将微阻力管道混合器、涡旋流反应器、横向分流式斜板沉淀池、模块式V型滤池、不锈钢滤板等新产品技术集成于同一箱体结构内,可进行模块化、标准化的安装建设。净水系统采用PLC控制,可实现全自动运行。

(5) 运行效果: 一体化净水装置相比于传统土建工程节省建设经费、缩短了建设周期,安吉县农村地区原水经该系统净化处理后浊度显著降低,出水浊度≤0.3NTU,出水色度≤10度,优于《生活饮用水卫生标准》GB 5749。

(6) 注意事项: 设备应定期维护保养,以保证运行效果。

图 50-2　安吉梅溪镇铜山村一体化净水装置项目